惯容及其在振动控制系统中的应用

陈志强 [illegible] 著

科学出版社

北京

内 容 简 介

本书围绕惯容在振动控制系统中的一些基本理论问题，分析惯容在振动系统固有频率、隔振系统、动力吸振系统、半主动惯容及可调动力吸振系统等方面的作用机理，是本书作者及团队在相关领域多年研究成果的概括总结。

本书旨在向读者呈现惯容在振动系统分析与设计方面的研究思路和研究进展，可供振动控制、控制理论和机械控制等领域的科研人员和工程技术人员参考。

图书在版编目(CIP)数据

惯容及其在振动控制系统中的应用/陈志强，胡银龙著. —北京：科学出版社，2023.3

ISBN 978-7-03-074765-5

Ⅰ. ①惯… Ⅱ. ①陈… ②胡… Ⅲ. ①振动控制–研究 Ⅳ. ①TB53

中国国家版本馆 CIP 数据核字(2023)第 022277 号

责任编辑：魏英杰／责任校对：崔向琳
责任印制：赵 博／封面设计：陈 敬

科学出版社 出版
北京东黄城根北街 16 号
邮政编码：100717
http://www.sciencep.com
北京中石油彩色印刷有限责任公司印刷
科学出版社发行 各地新华书店经销
*
2023 年 3 月第 一 版 开本：720×1000 1/16
2024 年 5 月第二次印刷 印张：8 1/4
字数：167 000

定价：90.00 元

(如有印装质量问题，我社负责调换)

前　言

振动是自然界和工程界普遍存在的现象，如车辆的颠簸、飞机的颤振、大桥的风致振动、精密仪器的振动等。有害的振动，若不加以合理控制，就会引起结构零部件的疲劳损伤，降低产品质量、影响产品使用寿命，甚至引起人体的不适，损害身体健康，给人们的生产生活带来巨大的灾难和财产损失。随着现代科技的进步和社会经济的发展，机械设备不断向轻型、高速、重载方向发展，人们对其安全性、舒适性提出了更高的要求。振动控制技术在各类工程领域和人们的生产生活中发挥着重要的作用。

惯容是在机电系统力-电流类比关系中与电容类比的双端点机械元件，具有两端受力与两端相对加速度成正比的动力学特性。从动力学特性来看，惯容与弹簧、阻尼器等特性相似，可视为与之并列的第三类被动（无源）振动控制元件，可对以弹簧和阻尼器为基础的传统振动控制进行一定的扩展。惯容的特性可从两个方面理解。一方面是，其在机械网络方面的特性，即作为与电容类比的机械元件，完善了机械网络综合中缺失的双端点机械元件的问题，可参照电路网络综合的方式设计机械振动系统。另一方面是，其作为双端点的“质量”元件，可以模拟质量，特别是具有显著的质量放大作用，即以较小的实际质量获得巨大的虚拟质量（也称惯容量）。这在需要大质量，但空间、成本等有限制的机械系统中具有天然的优势。惯容的这种网络特性和质量放大特性，在振动控制中具有巨大的应用潜力。对其在振动控制中的基本理论和基本特性进行分析，具有重要的理论和现实意义。

本书共 5 章。第 1 章绪论，介绍惯容的背景和研究进展。第 2 章分析惯容对振动系统固有频率的基本作用。第 3 章和第 4 章研究惯容在隔振系统和动力吸振系统中的应用问题。第 5 章介绍半主动惯容和自适应调谐吸振器。

感谢国家自然科学基金（61873129、61603122）和中央高校基本科研业务费专项资金（B210202058、2019B14514）对本书研究工作的资助。

限于作者水平，书中难免存在不妥之处，恳请各位读者批评指正。

作　者

目　录

前言
第 1 章　绪论……1
1.1　惯容……1
1.2　网络综合……3
1.3　惯容的物理实现……4
1.4　具有类似惯容特性的装置……8
1.5　基于惯容的振动控制系统……11
1.5.1　含惯容的无源振动控制……12
1.5.2　含惯容的半主动和主动振动控制……14
1.6　结论……15
参考文献……16
第 2 章　基于惯容的振动网络分析……23
2.1　简介……23
2.2　预备知识……23
2.3　单自由度系统……25
2.4　双自由度系统……26
2.5　多自由度系统……28
2.6　惯容位置对固有频率的影响……32
2.7　设计流程和数值算例……39
2.8　结论……43
参考文献……43
第 3 章　基于惯容的隔振系统……45
3.1　简介……45
3.2　预备知识……45
3.3　两个基于惯容的简单隔振器的振动分析……49
3.4　基于惯容的隔振器的 H_∞ 优化……54
3.5　基于惯容的隔振器的 H_2 优化……66
3.6　结论……72
参考文献……72

第 4 章　基于惯容的动力吸振系统 ······ 74
4.1　简介 ······ 74
4.2　预备知识 ······ 75
4.3　基于惯容的动力吸振器 ······ 76
4.4　IDVA 的 H_∞ 优化 ······ 80
4.4.1　minmax 优化问题 ······ 80
4.4.2　TDVA 与 IDVA 的对比 ······ 81
4.5　IDVA 的 H_2 优化 ······ 90
4.5.1　H_2 性能度量及其解析解 ······ 90
4.5.2　TDVA 与 IDVA 的对比 ······ 91
4.6　结论 ······ 104
参考文献 ······ 105
第 5 章　半主动惯容和自适应调谐吸振器 ······ 107
5.1　简介 ······ 107
5.2　预备知识 ······ 108
5.3　半主动惯容 ······ 109
5.3.1　现有的惯容 ······ 109
5.3.2　可控惯性飞轮 ······ 109
5.3.3　基于 CIF 的半主动惯容 ······ 111
5.3.4　提出的半主动惯容的建模 ······ 111
5.4　基于半主动惯容的自适应调谐吸振器 ······ 112
5.4.1　问题描述 ······ 112
5.4.2　基于频率跟踪器的控制 ······ 112
5.4.3　基于相位检测器的控制 ······ 114
5.5　实验评估 ······ 115
5.5.1　实验平台说明 ······ 115
5.5.2　测试案例 ······ 118
5.5.3　半主动惯容固有阻尼的影响 ······ 120
5.6　结论 ······ 121
参考文献 ······ 122
附录 A　MATLAB 符号运算 ······ 124
附录 B　式（5.8）的证明及相关内容 ······ 125

第 1 章　绪　　论

1.1　惯　　容

惯容（inerter）①是一种由剑桥大学 Smith 于 2002 年提出的新型机械元件。它被定义为一种双端点、单端口设备，拥有在两端点上施加等量反向的力时，力与两端间的相对加速度成正比的特性 [1]。惯容的符号如图 1.1 所示。图 1.1 中的变量满足如下关系，即

$$F = b(\dot{v}_2 - \dot{v}_1) \tag{1.1}$$

其中，常数 b 称为惯容量（inertance），单位与质量相同；F 为作用在惯容两端点的力；v_1 和 v_2 为惯容两端点的速度。

惯容中储存的能量可以量化为 $\dfrac{1}{2}b(v_2 - v_1)^2$。

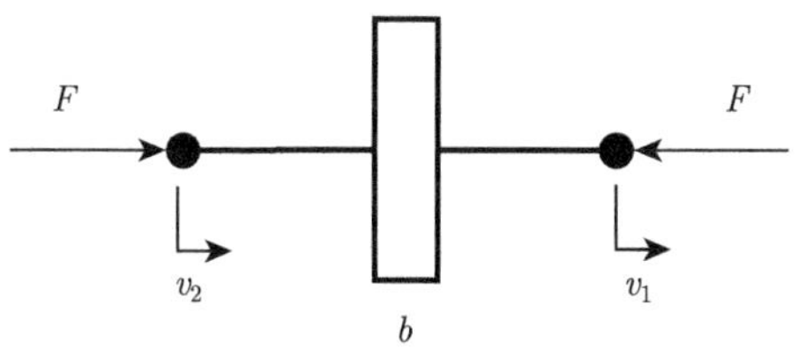

图 1.1　惯容的符号

惯容被提出的原因是，机械系统与电路系统之间的力-电流类比是不完整的。众所周知，机械系统与电路系统的动力学非常相似。这些系统之间的力-电流类比可以将机械系统中的力和速度比作电路系统中的电流和电压。这样，机械系统中的惯性坐标系下的固定参考点、动能、势能可以类比成电路系统中的地、电能、磁能。如表 1.1 所示，从元件的角度来看，机械系统中的弹簧和阻尼器可以类比成电路系统中电感和电阻。在 Smith 提出惯容之前，机械系统中缺乏一种可与电路系统中电容类比的元件。质量块一直被视为与电路系统中电容（实际上是接地电容）相对应的机械元件。根据牛顿第二定律，质量块的加速度相对于惯性系中的固定参考点。这表明，质量块的一个端点接地，另一个端点是质量块的质心。

① 惯容这一中文译名由陈志强教授与邹云教授给出。

表 1.1 机械和电路系统之间的力-电流类比

机械系统	电路系统
力	电流
速度	电压
机械地	电路地
动能	电能
势能	磁能
弹簧	电感
阻尼器	电阻
质量块	接地电容

换句话说，质量块不是真正的双端点元件。与质量块相对应的电路元件实际上是一个接地电容。显然，将含弹簧-阻尼器-质量块的网络等效成由电感、电阻、电容组成的网络时存在性能方面的限制，因为所有的电容必须接地。

考虑力-电流类比之间的限制，Smith 提出惯容。从惯容的定义可以看出惯容是具有与电容类似动态特性的真正双端点元件。惯容的提出使力-电流类比完备了，并且能直接用含电感-电阻-电容的电路网络等价代表含弹簧-阻尼器-惯容的机械网络。机械和电路网络中新的对应关系如图 1.2 所示。

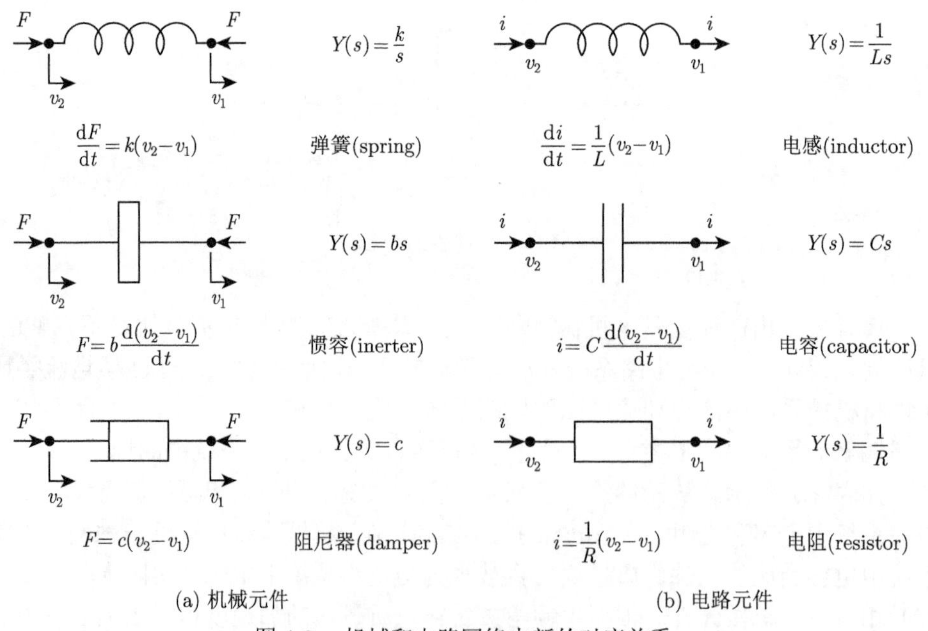

图 1.2 机械和电路网络中新的对应关系

尽管提出惯容的原因是之前的力-电流类比不完善，但是惯容的特性并不依赖这个类比。从这个意义上讲，惯容对机械系统有一些独特的功能，如模拟较大的等效（虚拟）质量、与弹簧一起成为基本的机械储能元件等。

1.2 网络综合

惯容的引入完成了含弹簧-阻尼器-惯容的机械网络与含电感-电阻-电容的电路网络之间的类比。因此，无源（passive）网络综合方法能直接用于设计基于惯容的机械网络。本节通过力-电流类比将电路网络综合中的定义和符号转换到机械领域。

考虑图 1.3 所示的双端点机械网络，如果任何允许的 F 和 v 在 $(\infty, T]$ 上都是平方可积的，那么网络是无源的 [2]，即

$$\int_{-\infty}^{T} F(t)v(t)\mathrm{d}t \geqslant 0 \tag{1.2}$$

其中，$v = v_2 - v_1$。

式 (1.2) 的左边表示从 0 到时间 T 传递到网络的总能量。因此，对于无源网络，没有能量被传递到环境中。

图 1.3 一个具有力-速度对 (F,v) 的自由形式双端点机械网络

本书将机械阻抗函数 $Z(s)$ 定义为速度与力的比值，即

$$Z(s) = \frac{\hat{v}(s)}{\hat{F}(s)}$$

其中，$\hat{}$ 表示拉氏变换。

机械导纳函数 $Y(s)$ 可定义为机械阻抗函数 $Z(s)$ 的倒数，即

$$Y(s) = Z(s)^{-1}$$

此处，基于力-电流类比，机械阻抗和机械导纳的定义与电路中的相同。力和电流被视为穿越变量（through variables）、速度和电压被视为横跨变量（across variables）。根据传统的电路符号，阻抗可定义为横跨变量和穿越变量之间的比值。

网络的无源性与其阻抗函数、导纳函数的正实性有关。对于一个双端点机械网络，当且仅当其机械阻抗函数或导纳函数为正实函数时，这个网络是无源的 [1]。根据文献 [2]，一个有理函数 $Z(s)$ 为正实函数的充要条件如下。

① $Z(s)$ 是解析函数，当 $\mathrm{Re}(s)>0$ 时，$Z(s)+Z(s)^*\geqslant 0$。

② $Z(s)$ 在 $\mathrm{Re}(s)>0$ 上是解析的，且对除 $Z(\mathrm{j}\omega)$ 极点以外的所有 ω，有 $Z(\mathrm{j}\omega)+Z(\mathrm{j}\omega)^*\geqslant 0$；$Z(s)$ 所有在虚轴，以及在无穷远处的极点为单极点，并且留数为正。

文献 [3] 给出一种新的等价正实判据。此方法无须计算留数，因此进一步简化了一般正实函数的正实性判别。定理 1.1 为网络综合与应用打开了空间。

定理 1.1　考虑实有理函数 $Z(s)=p(s)/q(s)$，其中多项式 $p(s)$ 和 $q(s)$ 在 $\mathrm{Re}(s)>0$ 处无公共根 [3]，则 $Z(s)$ 为正实函数的充分必要条件如下。

① $p(s)+q(s)$ 在 $\mathrm{Re}(s)>0$ 处无根。

② $Z(s)$ 在虚轴上满足 $\mathrm{Re}\left(Z(\mathrm{j}\omega)\right)\geqslant 0$。

传统的电路综合理论表明，任何一个正实的有理函数 $Z(s)$ 都存在一个阻抗（或导纳）函数为 $Z(s)$ 的含电感-电阻-电容的电路网络 [4]。根据力-电流类比理论可以推断，对于任何一个正实的有理函数，都存在一个阻抗（或导纳）函数为 $Z(s)$ 的含弹簧-阻尼器-惯容的机械网络 [1]。自文献 [5] 发表后，机械网络综合理论有了一系列新的成果 [6–9]。

1.3　惯容的物理实现

惯容的定义引入了一个新的机械概念。对于这样的一个新概念，同样重要的问题是如何构建一个具有与惯容的定义相同或至少相似的机械结构或者元件。构建惯容物理实例的流程被称为实现。

目前，惯容主要有三种实现方法，即齿轮齿条惯容 [1,10,11]、滚珠丝杠惯容 [11–13]，以及液压惯容 [14–16]。此外，根据实现中是否使用了飞轮，惯容的物理实现还可以分为基于飞轮的惯容 [1,11,13,14] 和无飞轮的惯容 [15,16]。

图 1.4 和 1.5 分别展示了一个齿轮齿条惯容的原理图和物理实例 [11,13]。在这种类型的惯容中，缸体中滑动的柱塞通过一个齿条、小齿轮、大齿轮驱动一个飞轮。如果忽略柱塞、齿轮齿条，以及大齿轮的质量，这个结构的动态特性可以近似为

$$F=\left(m\alpha_1^2\alpha_2^2\right)\dot{v}$$

其中，m 为飞轮的质量；$\alpha_1=\gamma/r_3$，$\alpha_2=r_2/r_1$，r_1、r_2、r_3，以及 γ 为齿轮齿条、齿轮、飞轮上小齿轮的半径，以及飞轮的回转半径。

根据惯容的定义，齿轮齿条惯容的惯容量为

$$b=m\alpha_1^2\alpha_2^2$$

显然，如果 α_1 和 α_2 大于 1，惯容量就远大于飞轮的质量 m。这表明，齿轮齿条结构有放大飞轮质量的功能。例如，取实际中容易实现的 $\alpha_1 = \alpha_2 = 3$，则惯容量将是飞轮质量的 81 倍。如图 1.5 所示，这个结构的总质量大约为 3.5 kg，可以实现 725 kg 的惯容量 [17]。

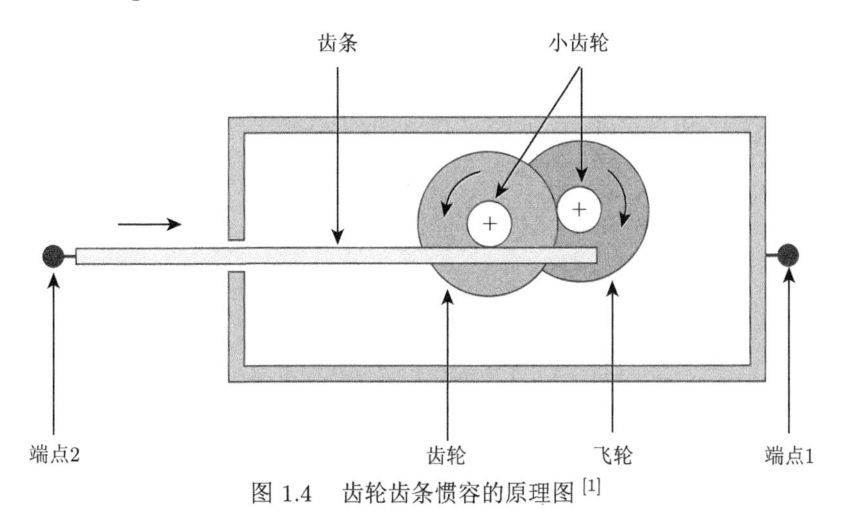

图 1.4 齿轮齿条惯容的原理图 [1]

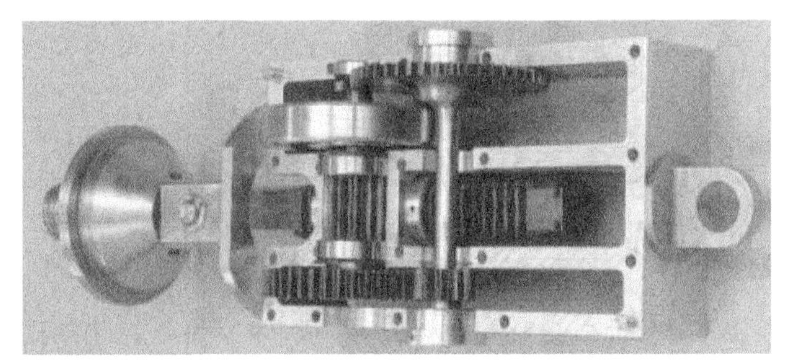

图 1.5 剑桥大学工程系制造的齿轮齿条惯容的物理实例 [11]

因为齿轮齿条惯容能承担一个较大的负载，所以它能实现一个较大的惯容量。齿轮之间固有的摩擦，以及反向间隙会显著地增加惯容的非线性。一种潜在的解决方法是将齿轮齿条驱动结构用滚珠丝杠替换。这样就提出名为滚珠丝杠惯容的第二代惯容 [11–13]。与齿轮齿条惯容相比，滚珠丝杠惯容的摩擦被大大减少，并且可以通过预加载消除反向间隙。图 1.6 展示了滚珠丝杠惯容的原理。图 1.7 展示了剑桥大学工程系制作的一个实际质量为 1 kg，惯容量约为 180 kg 的滚珠丝杠惯容 [18]。

与齿轮齿条惯容相似，滚珠丝杠惯容的惯容量可以表示为传动比的平方和飞

轮转动惯量的乘积，即

$$b = J\beta^2 \tag{1.3}$$

其中，J 为飞轮的转动惯量；β 为滚珠丝杠的传动比，$\beta = 2\pi/p$，p 为丝杠的螺距（单位为 m/rev）[13]。

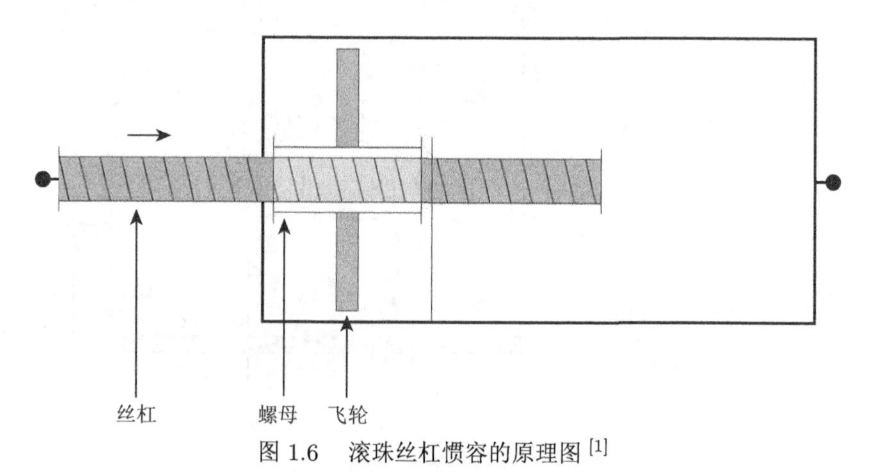

图 1.6　滚珠丝杠惯容的原理图 [1]

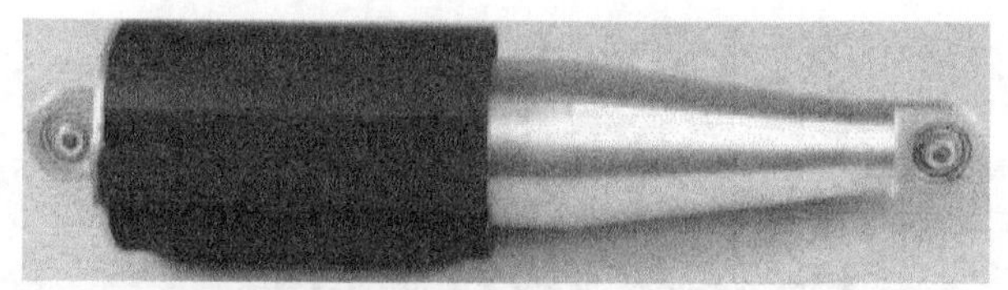

图 1.7　剑桥大学工程系制造的滚珠丝杠惯容的物理实例 [11]

图 1.8 所示为另一种基于飞轮的液压惯容示意图，其中采用液压传动方式 [14]。惯容量的理论值可以用下式计算，即

$$b = J\left(\frac{A}{D}\right)^2 \tag{1.4}$$

其中，J 为飞轮的转动惯量；A 为活塞的面积；D 为以立方米为单位的常数 [14]。

基于飞轮的惯容的共同特点是使用传动装置驱动飞轮（齿轮齿条、滚珠丝杠和液压传动装置），通过传动装置放大飞轮的转动惯量来实现惯容的功能。因此，对传动装置有两个要求。一是，要能将惯容两端点间的直线运动转化为飞轮的旋转运动。二是，要能放大飞轮的转动惯量。从这个角度来看，完全可以用不同的满足上述两点要求的传动装置实现不同类型的惯容。

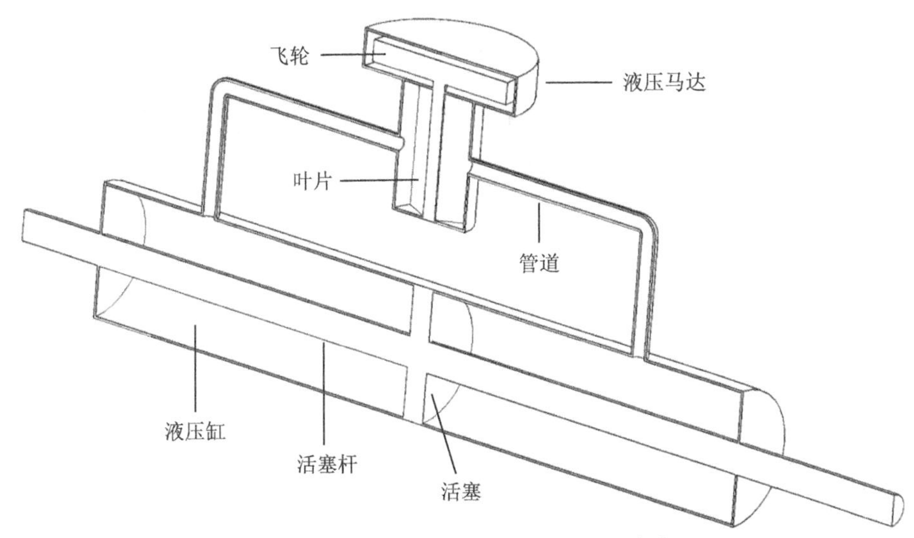

图 1.8 基于飞轮的液压惯容示意图 [14]

尽管飞轮被普遍应用于当前大部分惯容中，但惯容与飞轮并不等价。因此，并不一定需要用飞轮实现惯容，文献 [15]，[16] 就介绍了无飞轮惯容。如图 1.9 所示，无飞轮惯容通过旋转螺旋通道中的液体实现惯容的功能。其惯容量的理论值可以用下式计算 [15]，即

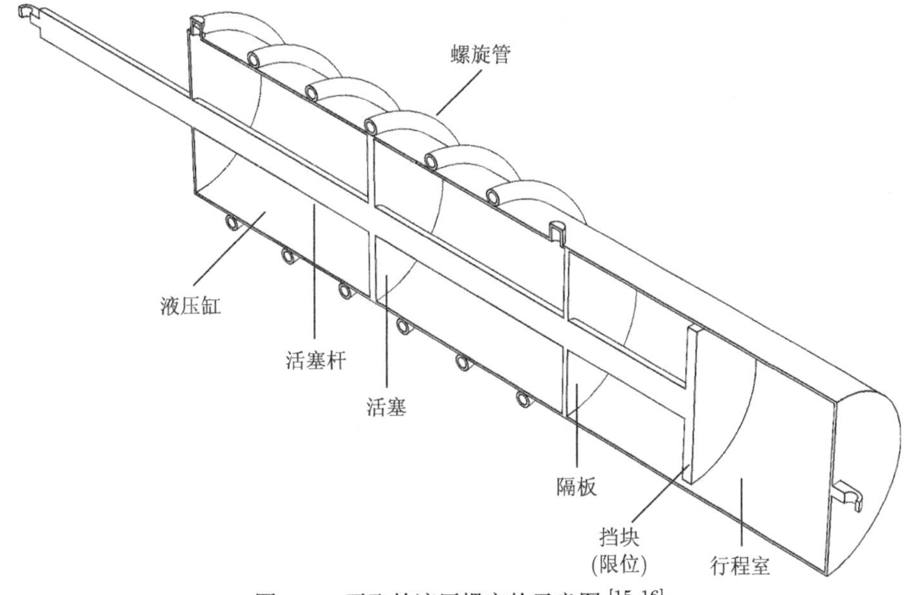

图 1.9 无飞轮液压惯容的示意图 [15,16]

$$b = \rho l \frac{A_1^2}{A_2^2} \tag{1.5}$$

其中，ρ 为流体的密度；l 为螺旋通道的长度；A_1 和 A_2 为活塞和螺旋通道的有效面积。

图 1.9 展示的无飞轮液压惯容有一个独特的优势，它是能同时实现不同的含惯容-弹簧-阻尼器的复杂网络，因此可以大大减少该复杂网络具体实现的体积 [15]。因为液体的质量可以小于飞轮的质量，所以能进一步减少整个惯容结构的实际物理质量。例如，可以用 50 g 的流体实现 500 kg 的惯容量，放大倍数可以高达 10000 [16]。

上述所有的惯容都是直线运动惯容。实际上，根据相似的定义和实现方法，旋转运动惯容也可以被相似地定义和实现。其中，行星齿轮就可以驱动飞轮实现旋转运动惯容 [10]。本书主要关注直线运动惯容，旋转运动惯容的相关介绍可以参考文献 [10]。

1.4 具有类似惯容特性的装置

Smith 在 2002 年提出惯容的概念和物理实现方式，其中关于齿轮齿条惯容和滚珠丝杠惯容的物理实现于 2001 年申请专利 [10]。事实上，在 2001 年前后，被动隔振、航空航天、汽车工业等领域都存在类似惯容特性的机械装置。近期，文献 [19]，[20] 从物理实现角度对惯容提出之前存在的惯容或类似惯容特性的装置进行了全面总结。值得注意的是，文献 [19]，[20] 关注的是物理实现方面的问题，虽然其对惯容提出之前的装置也统一称为惯容和类似惯容装置，但并不意味着在 2001 年前就存在惯容。事实上，在惯容提出之前，这些装置并未抽象成独立的机械元件，也不存在惯容这一名称。

本节对具有类似惯容特性的装置，特别是惯容提出之前的装置，进行梳理和总结。以期从实质上说明，惯容的动力学特性是自然界和工程界广泛存在的一种动力特性。与胡克定律是对弹性形变材料和装置的抽象和总结类似，惯容也是对广泛存在的一类机械装置的抽象和总结。

惯容具有显著的质量放大作用，这与杠杆原理极为相似。1954 年，Schönfeld [21] 研究了机电的类比关系，提出杠杆一端连接一个质量的双端点元件，给出双端点机械惯容量（biterminal mechanical inertance）的概念。Smith [1] 对该装置进行了分析，指出该装置虽然具有与惯容相同的动力学特性，但由于杠杆的特点在工作行程、装置大小，以及空间运动等方面存在局限，难以成为类似惯容的独立、标准化元件。这种基于杠杆原理的装置在隔振系统中受到一定关注，如反共振隔振器（dynamic antivibration isolator, DAVI）[22]（图 1.10）。该装置与 3.3 节讨论的并联型结构（C1）具有相似的动力学特性，均会出现反共振频率。

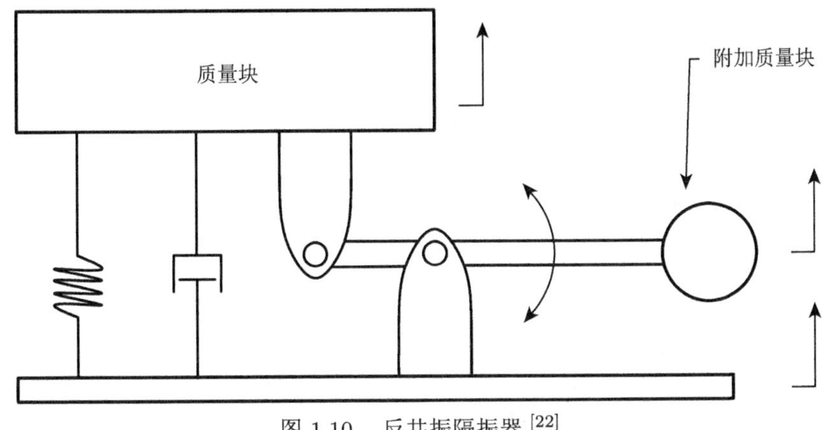

图 1.10 反共振隔振器 [22]

除机械方式外，工程上也常用液压流体的方式实现类似杠杆原理。典型的装置包括 Goodwin 隔振器 [23]、液压悬置 [24]、质量泵 [25] 等。1965 年，Goodwin 在专利申请中提出如图 1.11 所示的隔振装置，通过液体舱和波纹管装置实现类似弹簧、阻尼、惯容并联的隔振效果 [19]。液压悬置是 Flower 在 1985 年提出的振动控制装置（图 1.12），同样通过管道中的液体流动吸收外界振动达到减振的目的。Goodwin 隔振器 [23] 和液压悬置 [24] 均与橡胶套、波纹管等集成构成隔振或减振装置，并未发展成独立的两端点元件。相对而言，Kawamata 等提出的质量泵（图 1.13）具有明确的两个独立端点，通过管线中的液体质量，以及管线截

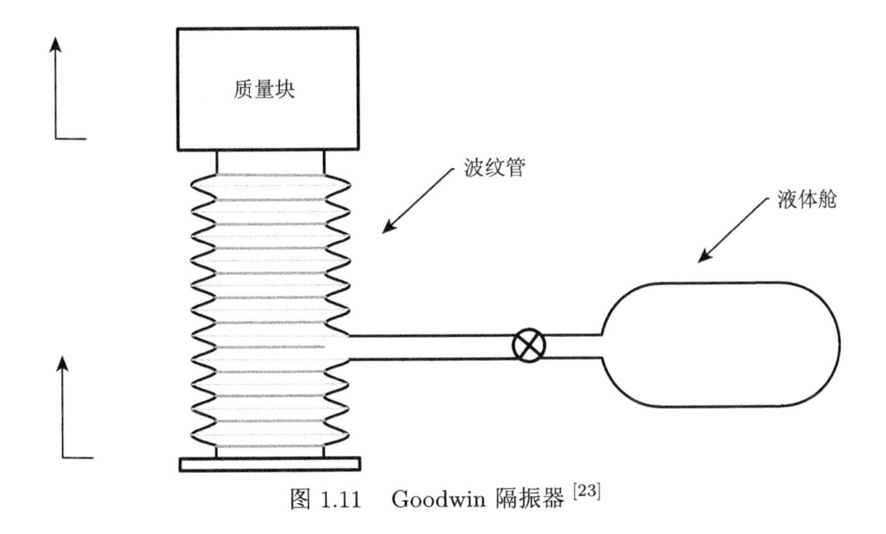

图 1.11 Goodwin 隔振器 [23]

面积的不同实现质量的放大作用。基于类似理念，发展出含有螺旋管线的液压惯容[15,16]（图 1.9）。

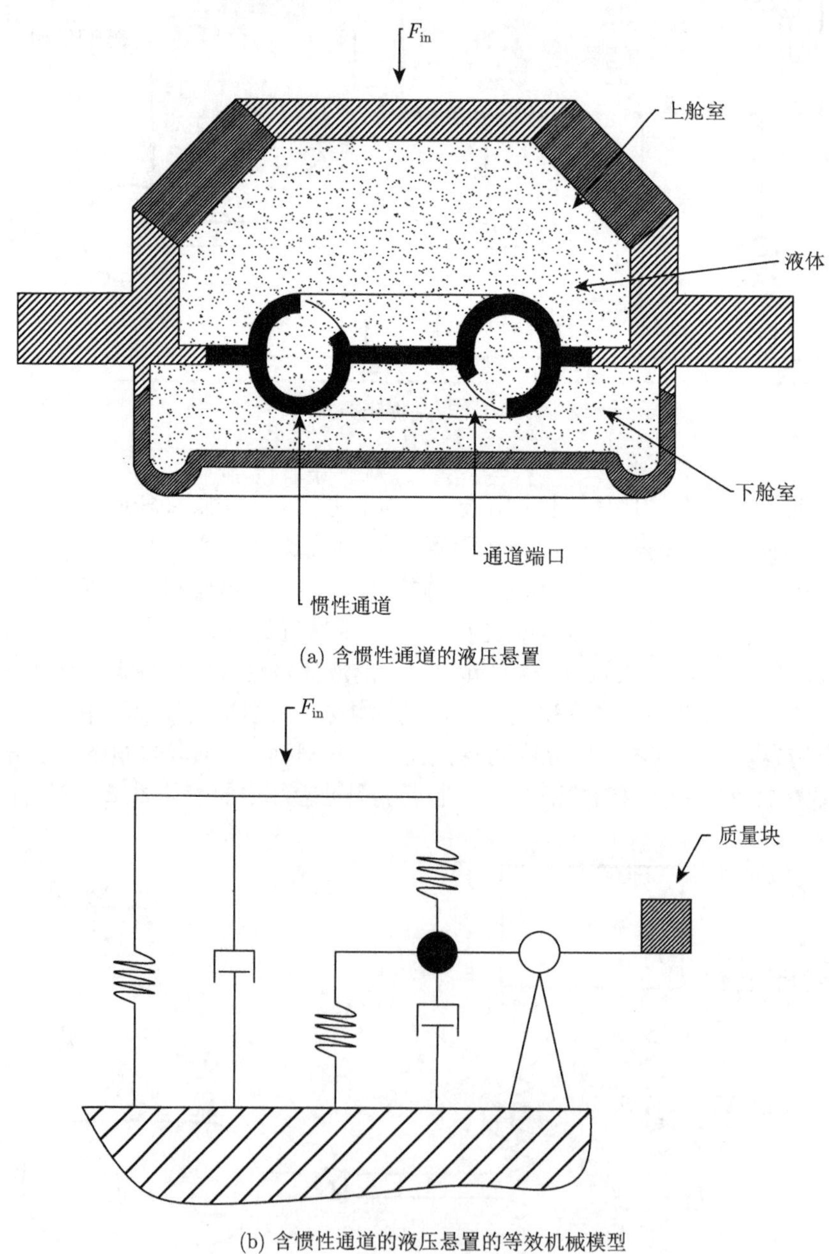

(a) 含惯性通道的液压悬置

(b) 含惯性通道的液压悬置的等效机械模型

图 1.12 液压悬置示意图[24]

此外，采用齿轮齿条、滚珠丝杠等传动装置驱动飞轮转动，实现放大飞轮惯性作用的装置也常用于工程实践。文献 [26] 搭建了齿轮齿条驱动飞轮的装置，并取名为 Gyro mass [27]。该装置与旋转运动的齿轮齿条惯容 [10] 构造和动力学特性十分相似。Rivin [28] 介绍了一类通过滚珠丝杠驱动飞轮的隔振装置。该装置集成在整个隔振系统中，并未作为独立的机械元件，但具有滚珠丝杠惯容的雏形。

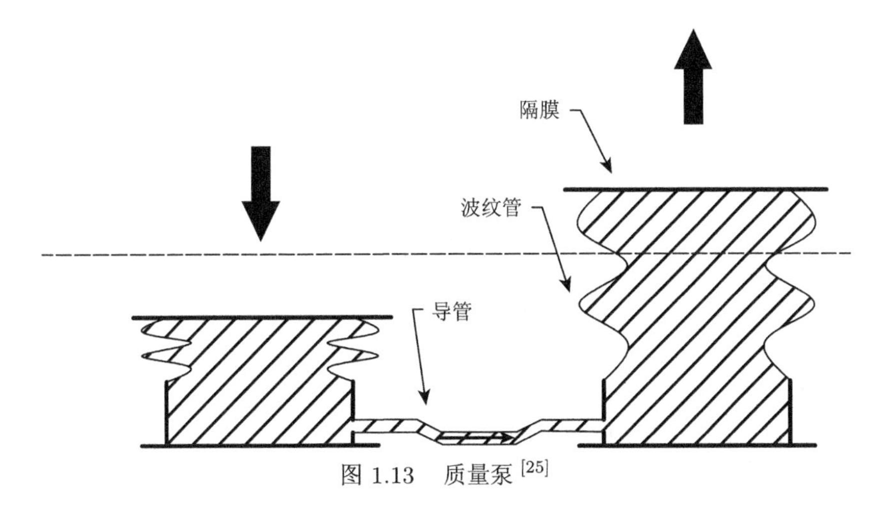

图 1.13 质量泵 [25]

上述装置均具备模拟质量，甚至放大质量的特点，但是由于机械构造、应用场景等的不同，并未发展成独立的机械元件。惯容正是将这些元件中共性的、本质的动力学特性进行了抽象和总结，成为与弹簧、阻尼器并列的标准机械元件。同样，把惯容作为一类标准机械元件，也有助于对上述类似惯容装置的特性进行分析。因此，虽然类似惯容特性的物理装置在惯容提出之前就已存在，但是提出惯容的意义不但在于具体的某些物理装置，而且在于其作为一类独立的标准元件，在机械系统建模、分析与控制中起到不可或缺的作用。

1.5 基于惯容的振动控制系统

惯容已经被成功应用于一级方程式赛车中。在 2005 年的西班牙大奖赛上，Raikkonen 驾驶着第一辆部署了惯容的赛车迈凯伦 MP4-20 赢得了胜利。为了防止竞争对手知道技术秘密，研究人员为惯容取了一个有误导性的名称 J-damper [11]。时至今日，惯容已经被其他一级方程式车队普遍使用 [11]。

从机械控制的角度来看，相比于传统的含弹簧-阻尼器的机械系统，惯容可以提供一个额外的自由度。这可以保证含惯容-弹簧-阻尼器的网络的性能总是优于或不劣于传统的含弹簧-阻尼器的网络，否则删除含惯容-弹簧-阻尼器的网络中的惯容就能将其简化成传统的含弹簧-阻尼器的网络。事实证明，惯容能较大地改善各种机械系统的性能，如汽车悬架、火车悬架、摩托车转向系统、建筑振动控制系统、风力发电机、起落架、桥梁振动控制系统、馈能系统等。这也重新引起人们对无源机械网络综合的兴趣。

接下来回顾基于惯容的振动控制系统，以及惯容的主要研究成果。相关文献的成果根据能耗被分为无源振动控制、半主动振动控制，以及主动振动控制。此处的无源、半主动，以及主动控制分别表示控制设备是无源、半主动、主动的，而非整个系统。

1.5.1 含惯容的无源振动控制

作为一种无源元件，提出惯容的原因之一是用含弹簧-阻尼器-惯容的振动控制替代传统的含弹簧-阻尼器的振动控制。基于惯容的无源振动控制系统的设计方法可以分为固定结构法、网络综合法（黑箱法）。固定结构法用于研究特定机械网络的表现。网络综合法首先用一个代表一些正实函数的黑箱替换传统的含弹簧-阻尼器的网络，然后根据需要的性能设计这些正实函数，最后将优化后的正实函数实现为一些特定的含弹簧-阻尼器-惯容的网络。

汽车悬架是汽车必不可少的组成部分，它决定汽车的整体性能，这也是惯容的主要应用领域之一。文献 [29] 将六种基于惯容的网络应用于悬架结构中，然后对它们进行数值评估，最后将其性能与传统的含弹簧-阻尼器的结构进行比较。研究表明，在乘坐舒适度、轮胎动载荷和操作性方面，六种基于惯容的悬架均取得超过 10% 的提升。文献 [30] 推导了基于惯容的悬架在四分之一车辆模型上的解析解，然后分析证明了在汽车悬架中使用惯容的收益。文献 [31] 分析了汽车悬架的多种性能需求，如乘坐舒适度、悬架行程，以及轮胎动载荷。它通过对复杂的结构制定性能指标提出直接比较法，因此直接比较法是对那些简单网络和与额外元件相关项的总结。文献 [13] 研究了惯容的非线性和惯容的非线性对汽车悬架性能的影响。文献 [32] 对两个基于惯容的串联结构进行了数值仿真和实验测试。文献 [33] 使用基于惯容的装置近似天棚和地棚阻尼器。文献 [34] 将动力吸振思想用于设计基于惯容的悬架结构。

网络综合方法也被用于设计无源汽车悬架。文献 [35] 使用矩阵不等式提出正实综合方法。无源悬架设计问题首先被参数化为一个无源控制器综合问题，用矩阵不等式描述无源约束。就汽车悬架性能而言，可以用双线性矩阵不等式（bilinear matrix inequalities，BMI）描述 H_2 和 H_∞ 最优正实控制器综合问题。在求解 BMI 优化问题后，使用特定的机械网络实现取得的正实控制器。文献 [35] 使用实验和数值仿真验证这种方法的有效性。文献 [36] 将该方法推广到多个性能优化问题中。文献 [37] 提出包含一个滚珠丝杠惯容和永磁电机的机电网络。这种机电结构的主要优点之一是可以通过结合机械和电路网络实现系统阻抗。因此，在不占用较大空间的情况下，可以很容易地实现高阶系统阻抗。文献 [37] 通过数值仿真和实验将这种机电结构应用于汽车悬架中。文献 [38] 评价了使用网络综合方法得到的包含一个惯容和一个阻尼器的一系列结构的性能。文献 [39] 研究了一类特殊的正实控制器综合问题，并为无源汽车悬架提供了一个高效的 H_2 优化方法。

目前，惯容也被应用于轨道交通。文献 [40] 针对单轮火车悬架模型，通过给定结构法和网络综合法论证了在火车悬架中应用惯容的益处。文献 [41] 证明在火车悬架中使用惯容能提高火车悬架的横向稳定性。文献 [42] 使用一个完整的火车系统模型验证惯容和机电结构的性能。文献 [43] 证明使用惯容能改善横向、纵向乘坐舒适性，以及横向车身位移。文献 [44] 证明使用惯容能改善一个单级悬挂的双轴轨道车辆的乘坐质量。

土木工程和工程结构也是惯容的一个重要应用领域。文献 [45] 使用数值方法证明了惯容在三种不同建筑模型减振性能方面的益处。文献 [46] 将调谐黏性质量阻尼器（tuned viscous mass damper，TVMD）应用于地震控制系统中。这种调谐黏性质量阻尼器包含一个滚珠丝杠装置和一个阻尼器，其中的滚珠丝杠装置是一个滚珠丝杠惯容，飞轮的质量为 2 kg，惯容量为 350 kg。文献 [46] 提出的 TVMD 已经被应用于日本的一个钢结构中 [47]。文献 [47] 对基于 TVMD 的多自由度（multiple degree of freedom, MDOF）系统进行了模态分析。文献 [48] 提出一种名为惯容阻尼器的滚珠丝杠惯容，并研究了它在建筑结构中减振的基本机制。文献 [49] 提出一种名为调谐惯容阻尼器（tuned inerter damper，TID）的元件，并将它用于抑制土木工程结构中基座激励产生的振动。TID 是一种基于惯容的机械网络，包含一对并联的弹簧、阻尼器及与它们串联的惯容。文献 [50] 提出一种传动吸振装置（transmission absorber，TA）解决隔振器内部共振问题。这种传动吸振装置能在两端产生与两端间相对速度成比例的恢复力和惯性力。

调谐质量阻尼器（tuned mass damper，TMD）或动力吸振器（dynamic vibration absorber，DVA），被广泛应用于土木和机械工程领域。它一般作为一种辅助质量系统被附加到一个振动的主系统中抑制主系统的振动。在传统的无源 TMD 中，辅助质量通常通过一根弹簧 [51] 或一个弹簧阻尼器装置 [52] 与主结构相连。文献 [53] 提出基于惯容的动力吸振器（inerter-based DVA，IDVA）并分析了它的性能。结果表明，与传统的含弹簧-阻尼器的 DVA 不同，IDVA 的频率响应有三个峰值，因此 IDVA 的最优频率响应比传统的 DVA 更加平坦 [53]。文献 [54] 研究了附加有黏性阻尼器和惯性摆的 TMD 的动力学特征。文献 [55] 将一个传统的含弹簧阻尼器的 TMD 与一个邻近质量块用一个惯容相连接，提出一种名为调谐质量惯容阻尼器（tuned mass-damper-inerter，TDMI）的无源振动控制装置，分析 TMDI 对级联机械系统的减振效果。文献 [56] 使用基于惯容的隔振器（inerter-based dynamic vibration absorber, IDVA）改善著名雕像“隆达尼尼圣殇”的隔振性能。文献 [57]-[59] 研究了惯容在风力发电机机械结构减载减振的控制问题，通过风力发电机仿真工具 FAST 验证基于惯容的无源振动控制性能。

惯容也被应用于飞机起落架抑制起落架的摆振。这种摆振由轮胎的运动与起落架结构之间的相互作用引起。文献 [60] 分析了惯容对飞机起落架摆振的作用，结果表明使用惯容能提升飞机起落架的性能。文献 [61] 分析了含惯容飞机起落架模型的非线性问题。文献 [62] 通过考虑转弯-偏航、横向、转弯-侧倾运动，进一步证明了在主起落架中使用惯容的益处。

在其他应用方面，文献 [63]，[64] 使用含惯容-阻尼器的转向补偿器替代传统转向补偿器稳定双轮摩托车的摇摆与晃动模态。文献 [65]，[66] 将惯容应用于平足无源动力助行器（flat-footed passive dynamic walkers，PDW），研究结果表明，在双足机器人脚踝处使用弹簧和惯容能让它走得更快更节能。文献 [67]，[68] 使用惯容解决大跨度悬索桥气动弹性失稳问题，同时抑制抖振。文献 [69] 研究了在悬索桥中使用惯容对桥面气动性能的改善。文献 [70] 使用风洞实验比较理论和实验结果。文献 [71] 研究了 IDVA 的隔离性能，并提出基于 H_∞ 和 H_2 性能指标的参数优化方法。

对于一般的机械级联系统，即质量块链式系统（mass-chain system），其中 mass-chain 等同于 a chain of mass。质量块链式系统指有 N 个相同的质量块，并且相邻的质量块之间，以及质量块和移动点（如地震控制中的地面）之间使用相同的无源双端点元件相互连接的系统。文献 [72] 研究了惯容对固有频率（自然频率）的影响，并在理论上证明使用惯容可以降低系统固有频率。文章 [73] 证明了使用无源机械网络相互连接的质量块链条系统会放大有界的干扰信号，并对两种使用不同互联方式的质量块链式系统进行了比较。这两种互联方式分别为使用含弹簧-阻尼器的机械网络进行互联和使用含弹簧-阻尼-惯容的机械网络进行互联。文献 [74] 研究使用惯容对固有频率的配置问题，从理论上证明含惯容的质量块链式系统固有频率的重数可能大于 1。仅当 $n \geqslant 2m-1$ 时，可能存在特征根重数 m。此外还证明，不可能任意配置重数大于 1 的相同的固有频率，但总是可以任意配置多个不同的固有频率。文献 [74] 同时证明，对于 n 自由度的系统，配置固有频率时至多需要 $n-1$ 个惯容。

1.5.2 含惯容的半主动和主动振动控制

本节回顾基于惯容的半主动和主动振动控制系统。相关文献可分为两类。第一类是基于无源惯容的系统，即不能在线调节惯容量的惯容。第二类是基于半主动惯容的系统，即可以在线调节惯容量的惯容。

基于无源惯容的半主动或主动振动控制系统通常包含一个基于惯容的无源网络和一个半主动或主动执行机构。在文献 [75]，[76] 中，半主动悬架系统被分为一个无源部分和一个半主动部分，其中无源部分是一个基于惯容的机械网络，半主动部分是一个半主动阻尼器。文献 [77] 使用网络综合的方法根据低阶机械导纳设计悬架的无源部分。文献 [78] 比较了 8 种含天棚和地棚控制执行器的基于惯容的机械网络，同时分析了惯容对悬架性能的益处。文章 [79] 分析了一个由弹簧、阻尼器、惯容和机电换能器组成的惯性执行器，结果表明惯容能降低固有频率，提高整个系统的稳定性，因此引入惯容改善系统性能。文献 [80] 研究了一种基于惯容的产生/接收双自由度隔振系统，分析惯容对主动系统稳定性的影响，论证使用惯容对系统性能的益处。

文献 [81] 提出的半主动惯容是惯容的拓展，定义为一个惯容量可以被在线控制（调整）的惯容。借鉴无源阻尼器推广到半主动阻尼器的经验，能很自然地推出半主动惯容的概念。文献 [82] 提出一种含磁性行星变速箱的惯容量可变元件。因为惯容量可变，所以它可以视为一种半主动惯容。文献 [83]，[84] 研究了惯容量可调的汽车悬架，其中惯容量可调的惯容就是一个半主动惯容，但是没有给出半主动惯容的物理实现。

文献 [85] 给出了两种实现半主动惯容的方法，即在线调节传动比、在线调节飞轮的转动惯量。目前几种实现半主动惯容的方法都可以归为这两类。文献 [82] 提出的惯容量可调元件是通过第一种方法实现的。它使用磁性行星变速箱在线调整传动比调节惯容量。此外，文献 [86] 提出用无级变速和齿轮比控制系统实现惯容量的无极准确变化。文献 [87] 用实验验证了这种半主动惯容。文献 [88] 在研究参数辨识问题时，将这种半主动惯容应用于 TMD 系统。为了使用第二种方法，文献 [85] 用一种转动惯量可控的飞轮实现半主动惯容，并通过实验研究半主动惯容在动力吸振系统上的性能。

半主动惯容在一系列振动系统上的性能已被验证。文献 [81]，[89] 为半主动惯容提出力跟随控制策略，并论证半主动惯容对汽车悬架的益处。文献 [87] 分析了用于 TMD 的半主动惯容的性能。文献 [85] 提出一种基于半主动惯容的自适应动力吸振器，并验证了它的性能。文献 [90] 提出一种天棚惯容装置，然后研究基于半主动惯容的天棚惯容装置的物理实现。文献 [91] 使用液压元件连续地调节惯容量实现天棚惯容装置。

1.6 结　论

本书从概念、物理实现和基于惯容的振动控制系统介绍惯容，提出惯容的主要目的是为机械网络综合完成机械和电路系统之间的力-电流类比。目前，惯容已经在振动控制系统领域产生巨大的反响。

惯容使研究者可以通过借鉴电路综合理论去系统化地设计含弹簧-阻尼-惯容

的机械网络。特别是，整个系统首先能被分为一个给定的部分和一个需要被设计的相互关联的部分。给定的部分为被控对象，需要被设计的部分为控制器。然后，从一个可行域设计被视为黑箱的控制器，例如无源控制器的可行域就是无源机械网络，其他相似的可行域还可以是所有能用特定数量元件去实现的网络等。使用这种设计方法可以同时考虑控制器的参数和结构，因此能够提高系统整体性能，提出新的机械结构，这是传统方法难以实现的 [1]。

惯容的另一个特点是可以用很小的物理质量实现很大的惯容量，这对振动控制系统是有益的。一方面，黑箱中机械结构的质量总是比系统其他部分更少。对于汽车悬架而言，悬架的质量总是比车身和轮胎的质量小。文献 [92] 指出，使用传统的含弹簧-阻尼-质量块的机械网络综合方法实现的机械网络，可能需要一个很大的质量。这在实际中是不可行的。另一方面，在某些情况下，惯容可以用于模拟较大的质量。这对于土木工程这种需要较大的质量，但是实际无法实现的领域是非常有价值的。

在建模、分析和控制机械系统时，惯容也可以视为一种类似弹簧和阻尼器的标准机械元件。这表明，惯容像弹簧和阻尼器一样不取决于任何特定的实现。实际上，当人们用弹簧对机械系统进行建模时，并不关注弹簧是气体的还是钢的。因此，惯容揭示了一些貌似无关的机械结构（即各种与惯容特性类似的机械结构）中相关的内部机制，同时惯容也是这些机械系统的一个标准总结。

参考文献

[1] Smith M C. Synthesis of mechanical networks: The inerter. IEEE Transactions on Automatic Control, 2002, 47(10): 1648-1662.

[2] Anderson B D O, Vongpanitlerd S. Network Analysis and Synthesis. New Jersey: Prentice-Hall, 1973.

[3] Chen M Z Q, Smith M C. A note on tests for positive-real functions. IEEE Transactions on Automatic Control, 2009, 54(2): 390-393.

[4] Bott R, Duffin R J. Impedance synthesis without use of transformers. Journal of Applied Physics, 1949, 20(8): 816.

[5] Chen M Z Q, Smith M C. Restricted complexity network realizations for passive mechanical control. IEEE Transactions on Automatic Control, 2009, 54(10): 2290-2301.

[6] Chen M Z Q, Wang K, Zou Y, et al. Realization of a special class of admittances with one damper and one inerter for mechanical control. IEEE Transactions on Automatic Control, 2013, 58(7): 1841-1846.

[7] Chen M Z Q, Wang K, Zou Y, et al. Realization of three-port spring networks with inerter for effective mechanical control. IEEE Transactions on Automatic Control, 2015, 60(10): 2722-2727.

[8] Wang K, Chen M Z Q, Li C, et al. Passive controller realization of a biquadratic impedance with double poles and zeros as a seven-element series-parallel network for effective mechanical control. IEEE Transactions on Automatic Control, 2018, 63(9): 3010-3015.

[9] Chen M Z Q, Wang K, Chen G. Passive Network Synthesis: Advances with Inerter. Singapore: World Scientific, 2019.

[10] Smith M C. Force-controlling mechanical device. https://patents.google.com/patent/US7316303B2/en[2020-11-26].

[11] Chen M Z Q, Papageorgiou C, Scheibe F, et al. The missing mechanical circuit element. IEEE Circuits and Systems Magazine, 2009, 9(1): 10-26.

[12] Wang F C, Hsu M S, Su W J, et al. Screw type inerter mechanism. https://patents.google.com/patent/US20090108510A1/en[2020-11-16].

[13] Wang F C, Su W J. Impact of inerter nonlinearities on vehicle suspension control. Vehicle System Dynamics, 2008, 46(7): 575-595.

[14] Wang F C, Hong M F, Lin T C. Designing and testing a hydraulic inerter. Proceedings of the Institution of Mechanical Engineers, Part C: Journal of Mechanical Engineering Science, 2011, 225(1): 66-72.

[15] Gartner B J, Smith M C. Damper and inertial hydraulic device. https://patents.google.com/patent/US20150167773A1/en?q=Damper+and+inertial+hydraulic+device&oq=Damper+and+inertial+hydraulic+device[2020-11-16].

[16] Tuluie R. Fluid inerter. https://patents.google.com/patent/US20130032442A1/en[2020-11-16].

[17] Smith M C. The inerter concept and its application. Fukui: Fukui University, 2003.

[18] Smith M C. Vehicle dynamics, engineering thought-experiments and formula one racing. Hong Kong: The University of Hong Kong, 2011.

[19] Kuhnert W M, Goncalves P J P, Ledezma-Ramirez D F, et al. Inerter-like devices used for vibration isolation: A historical perspective. Journal of the Franklin Institute, 2021, 358: 1070–1086.

[20] Wagg D J. A review of the mechanical inerter: Historical context, physical realisations and nonlinear applications . https://doi.org/10.1007/s11071-021-06303-8[2021-3-10].

[21] Schönfeld J C. Analogy of hydraulic, mechanical, acoustic and electrical systems. Applied Scientific Research, 1954, 3: 417-450.

[22] Flannelly W G. Dynamic antiresonant vibration isolator. https://www.google.com/patents/US3322379[1967-5-26].

[23] Goodwin A. Vibration isolators. https://www.google.com/patents/US3202388[1965-8-24].

[24] Flower W C. Understanding hydraulic mounts for improved vehicle noise, vibration and ride qualities. SAE Transactions, 1985, 94: 832-841.

[25] Kawamata S. Development of a vibration control system of structures by means of mass pumps. Tokyo: Institute of Industrial Science, 1973.

[26] Saitoh M. On the performance of gyro-mass devices for displacement mitigation in base isolation systems. Structural Control Health Monitoring, 2012, 19(2): 246-259.

[27] Okumura, A. The gyro-mass inerter Japan patent koukai. https://www.j-platpnt.inpit.go.jp/p020[2002-12-5].

[28] Rivin E I. Passive Vibration Isolation. New York: ASME, 2003.

[29] Smith M C, Wang F C. Performance benefits in passive vehicle suspensions employing inerters. Vehicle System Dynamics, 2004, 42(4): 235-257.

[30] Scheibe F, Smith M C. Analytical solutions for optimal ride comfort and tyre grip for passive vehicle suspensions. Vehicle System Dynamics, 2009, 47(10): 1229-1252.

[31] Hu Y, Chen M Z Q, Shu Z. Passive vehicle suspensions employing inerters with multiple performance requirements. Journal of Sound and Vibration, 2014, 333: 2212-2225.

[32] Wang R, Meng X, Shi D, et al. Design and test of vehicle suspension system with inerters. Proceedings of the Institution of Mechanical Engineers, Part C: Journal of Mechanical Engineering Science, 2014, 228(15): 2684–2689.

[33] Zhang X L, Liu J J, Nie J M, et al. Design principle and method of a passive hybrid damping suspension system. Applied Mechanics and Materials, 2014, (635-637): 1232-1240.

[34] Shen Y, Chen L, Yang X, et al. Improved design of dynamic vibration absorber by using the inerter and its application in vehicle suspension. Journal of Sound and Vibration, 2016, 361: 148-158.

[35] Papageorgiou C, Smith M C. Positive real synthesis using matrix inequalities for mechanical networks: Application to vehicle suspension. IEEE Transactions on Control Systems Technology, 2006, 14(3): 423-435.

[36] Molina-Cristobal A, Papageorgiou C, Parks G T, et al. Multi-objective controller design: Evolutionary algorithms and bilinear matrix inequalities for a passive suspension// Proceedings of the 13th IFAC Workshop on Control Applications of Optimization, Cachan, 2006: 386-391.

[37] Wang F C, Chan H A. Vehicle suspensions with a mechatronic network strut. Vehicle System Dynamics, 2011, 49(5): 811-830.

[38] Chen M Z Q, Hu Y, Du B. Suspension performance with one damper and one inerter// Proceedings of the 24th Chinese Control and Decision Conference, Taiyuan, 2012: 3551–3556.

[39] Chen M Z Q, Hu Y, Wang F C. Passive mechanical control with a special class of positive real controllers: Application to passive vehicle suspensions. Journal of Dynamic Systems, Measurement, and Control, 2015, 137(12): 121013.

[40] Wang F C, Liao M K, Liao B H, et al. The performance improvements of train suspension systems with mechanical networks employing inerters. Vehicle System Dynamics, 2009, 47(7): 805-830.

[41] Wang F C, Liao M K. The lateral stability of train suspension systems employing inerters. Vehicle System Dynamics, 2010, 8(5): 619-643.

[42] Wang F C, Hsieh M R, Chen H J. Stability and performance analysis of a full-train system with inerters. Vehicle System Dynamics, 2012, 50(4): 545-571.

[43] Jiang J Z, Matamoros-Sanchez A Z, Goodall R M, et al. Passive suspensions incorporating inerters for railway vehicles. Vehicle System Dynamics, 2012, 50: 263-276.

[44] Jiang J Z, Matamoros-Sanchez A Z, Zolotas A, et al. Passive suspensions for ride quality improvement of two-axle railway vehicles. Proceedings of the Institution of Mechanical Engineers, Part F: Journal of Rail and Rapid Transit, 2013, 229(3): 315-329.

[45] Wang F C, Hong M F, Chen C W. Building suspensions with inerters. Proceedings of the IMechE, Part C: Journal of Mechanical Engineering Science, 2010, 224(8): 1605-1616.

[46] Ikago K, Saito K, Inoue N. Seismic control of SDOF structure using tuned viscous mass damper. Earthquake Engineering and Structural Dynamics, 2012, 41: 453-474.

[47] Sugimura Y, Goto W, Tanizawa H, et al. Response control effect of steel building structure using tuned viscous mass damper// Proceedings of the 15th World Conference on Earthquake Engineering, Lisbon, 2012: 572-582.

[48] Takewaki I, Murakami S, Yoshitomi S, et al. Fundamental mechanism of earthquake response resuction in buildind structures with inertial dampers. Journal of Structural Control and Health Monitoring, 2012, 19: 590-608.

[49] Lazar I F, Neild S A, Wagg D J. Using an inerter-based device for structural vibration suppression. Earthquake Engineering and Structure Dynamics, 2014, 43(8): 1129-1147.

[50] Dylejko P G, MacGillivray I R. On the concept of a transmission absorber to suppress internal resonance. Journal of Sound and Vibration, 2014, 333: 2719-2734.

[51] Frahm H. Device for damping vibrations of bodies. https://patents.google.com/patent/US989958A/en[2020-11-16].

[52] Ormondroyd J, Den Hartog J P. The theory of the dynamic vibration absorber. ASME Journal of Applied Mechanics, 1928, 50: 9-22.

[53] Hu Y, Chen M Z Q. Performance evaluation for inerter-based dynamic vibration absorbers. International Journal of Mechanical Sciences, 2015, 99: 297-307.

[54] Brzeski P, Pavlovskaia E, Kapitaniak T, et al. The application of inerter in tuned mass absorber. International Journal of Non-Linear Mechanics, 2015, 70: 20-29.

[55] Marian L, Giaralis A. Optimal design of a novel tuned mass-damper-inerter (TMDI) passive vibration control configuration for stochastically support-excited structural systems . Probabilistic Engineering Mechanics, 2014, 38: 156-164.

[56] Siami A, Karimi H R, Cigada A, et al. Parameter optimization of an inerter-based isolator for passive vibration control of Michelangelo's Rondanini Pietà. Mechanical Systems and Signal Processing, 2018, 98: 667-683.

[57] Hu Y, Wang J, Chen M Z Q, et al. Load mitigation for a barge-type floating offshore wind turbine via inerter based passive structural control. Engineering Structures, 2018, 177: 198-209.

[58] Hu Y, Chen M Z Q. Passive structural control with inerters for a floating offshore wind turbine// Proceedings of the 36th Chinese Control Conference, Dalian, 2017: 9266-9271.

[59] Hu Y, Chen M Z Q. Inerter-based passive structural control for load mitigation of wind turbines// Proceedings of the 29th Chinese Control and Decision Conference, Chongqing, 2017: 3056-3061.

[60] Dong X, Liu Y, Chen M Z Q. Application of inerter to aircraft landing gear suspension// Proceedings of the 34th Chinese Control Conference, Hangzhou, 2015: 2066-2071.

[61] Liu Y, Chen M Z Q, Tian Y. Nonlinearities in landing gear model incorporating inerter// Proceeding of the 2015 IEEE International Conference on Information and Automation, Lijiang, 2015: 696-701.

[62] Li Y, Jiang J Z, Neild S. Inerter-based configurations for main-landing-gear shimmy suppression. Journal of Aircraft, 2017, 54(2): 684-693.

[63] Evangelou S, Limebeer D J N, Sharp R S, et al. Control of motorcycle steering instabilities. IEEE Control Systems Magazine, 2006, 26(5): 78-88.

[64] Evangelou S, Limebeer D J N, Sharp R S, et al. Steering compensation for high-performance motorcycles. Journal of Applied Mechanics, 2007, 74(2): 332-346.

[65] Hanazawa Y, Suda H, Yamakita M. Analysis and experiment of flat-footed passive dynamic walker with ankle inerter// Proceedings of the 2011 IEEE International Conference on Robotics and Biomimetics, Phuket, 2011: 86-91.

[66] Hanazawa Y, Yamakita M. High-efficient biped walking based on flat-footed passive dynamic walking with mechanical impedance at ankles. Journal of Robotics and Mechatronics, 2012, 24(3): 498-506.

[67] Graham J M R, Limebeer D J N, Zhao X. Aeroelastic control of long-span suspension bridges. Journal of Applied Mechanics, 2011, 78(4): 41018.

[68] Limebeer D J N, Graham J M R, Zhao X. Buffet suppression in long-span suspension bridges. Annual Reviews in Control, 2011, 35(2): 235-246.

[69] Bakis K N, Limebeer D J N, Williams M S, et al. Passive aeroelastic control of a suspension bridge during erection. Journal of Fluids and Structures, 2016, 66: 543-570.

[70] Zhao X, Gouder K, Graham J M R, et al. Buffet loading, dynamic response and aerodynamic control of a suspension bridge in a turbulent wind. Journal of Fluids and Structures, 2016, 62: 384-412.

[71] Hu Y, Chen M Z Q, Shu Z, et al. Analysis and optimisation for inerter-based isolators via fixed-point theory and algebraic solution. Journal of Sound and Vibration, 2015, 346: 17-36.

[72] Chen M Z Q, Hu Y, Huang L, et al. Influence of inerter on natural frequencies of vibration systems. Journal of Sound and Vibration, 2014, 333(7): 1874-1887.

[73] Yamamoto K, Smith M C. Bounded disturbance amplification for mass chains with passive interconnection. IEEE Transactions on Automatic Control, 2016, 61(6): 1565-1574.

[74] Hu Y, Chen M Z Q, Smith M C. Natural frequency assignment for mass-chain systems with inerters. Mechanical Systems and Signal Processing, 2018, 108: 126-139.

[75] Hu Y, Li C, Chen M Z Q. Optimal control for semi-active suspension with inerter//Proceedings of the 31st Chinese Control Conference, Hefei, 2012: 2301-2306.

[76] Chen M Z Q, Hu Y, Li C, Chen G. Performance benefits of using inerter in semiactive suspensions. IEEE Transactions on Control Systems Technology, 2015, 23(4): 1571-1577.

[77] Hu Y, Wang K, Chen Y, et al. Inerter-based semi-active suspensions with low-order mechanical admittance via network synthesis. Transactions of the Institute of Measurement and Control, 2018, 40(15): 4233-4245.

[78] Zhang X J, Ahmadian M, Guo K H. On the benefits of semi-active suspensions with inerters. Shock and Vibration, 2012, 19(3): 257-272.

[79] Zilletti M. Feedback control unit with an inerter proof-mass electrodynamic actuator. Journal of Sound and Vibration, 2016, 369: 16-28.

[80] Alujević N, Čakmak D, Wolf H, et al. Passive and active vibration isolation systems using inerter . Journal of Sound and Vibration, 2018, 418: 163-183.

[81] Chen M Z Q, Hu Y, Li C, Chen G. Semi-active suspension with semi-active inerter and semi-active damper. IFAC World Congress, 2014, 47(3): 11225-11230.

[82] Tsai M C, Huang C C. Development of a variable-inertia device with a magnetic planetary gearbox. IEEE/ASME Transactions on Mechatronics, 2011, 16(6): 1120-1128.

[83] Li P, Lam J, Cheung K C. Investigation on semi-active control of vehicle suspension using adaptive inerter// The 21st International Congress on Sound and Vibration, Beijing, 2014, 60(9): 3889-3896.

[84] Li P, Lam J, Cheung K C. Control of vehicle suspension using an adaptive inerter. Proceedings of the Institution of Mechanical Engineers, Part D: Journal of Automobile Engineering, 2015, 229(14): 1934-1943.

[85] Hu Y, Chen M Z Q, Xu S, et al. Semiactive inerter and its application in adaptive tuned vibration absorbers. IEEE Transactions on Control Systems Technology, 2017, 25(1): 294-300.

[86] Brzeski P, Kapitaniak T, Perlikowski P. Novel type of tuned mass damper with inerter which enables changes of inertance. Journal of Sound and Vibration, 2015, 349: 56-66.

[87] Brzeski P, Lazarek M, Perlikowski P. Experimental study of the novel tuned mass damper with inerter which enables changes of inertance. Journal of Sound and Vibration, 2017, 404: 47-57.

[88] Lazarek M, Brzeski P, Perlikowski P. Design and identification of parameters of tuned mass damper with inerter which enables changes of inertance. Mechanism and Machine Theory, 2018, 119: 161-173.

[89] Chen M Z Q, Hu Y, Li C, et al. Application of semi-active inerter in semi-active suspensions via force tracking. Journal of Vibration and Acoustics, 2016, 138(4): 41014.

[90] Hu Y, Chen M Z Q, Sun Y. Comfort-oriented vehicle suspension design with skyhook inerter configuration. Journal of Sound and Vibration, 2017, 405: 34-47.

[91] Zhang X L, Zhang T, Nie J, et al. A semiactive skyhook-inertance control strategy based on continuously adjustable inerter. Shock and Vibration, 2018: 6828621.

[92] Piersol A G, Aez T L. Harris' Shock and Vibration Handbook. 6th ed. New York: McGraw-Hill, 2010.

第 2 章　基于惯容的振动网络分析

本章讨论惯容对振动系统固有频率的影响。首先，用代数方法推导单自由度（single degree of freedom，SDOF）系统和双自由度（two degree of freedom，TDOF）系统固有频率的计算公式。然后，证明惯容能降低这些系统的固有频率。为了进一步探讨惯容在一般振动系统中的作用，本章还讨论惯容对多自由度（multiple degree of freedom，MDOF）系统的影响。通过对固有频率和振型进行灵敏度分析，证明可以通过增加任意惯容的惯容量降低 MDOF 系统固有频率，同时还推导了能用惯容降低一般 MDOF 系统固有频率的条件。最后，讨论惯容位置对固有频率的影响，通过仿真六自由度系统验证惯容在减小最高固有频率方面的效率，仿真只用 5 个惯容就将固有频率减少 47% 以上。

2.1　简　　介

惯容已经被应用于多种机械系统上。在这些应用中，惯容总是出现在一些比只含弹簧和阻尼器的传统网络结构更复杂的网络。文献 [1] 指出含惯容的网络性能必然优于或不劣于只含弹簧和阻尼器的传统网络。因为把含惯容的网络中元件的系数（弹簧刚度、阻尼系数、惯容量）调成 0 或无穷总能把它弱化为传统的网络。惯容的确能为传统结构提供一个额外的自由度，但是惯容在振动系统中的基本功能还未被明确地理解和论证。

众所周知，弹簧在振动系统中能储存能量、提供静力支撑、确定固有频率。黏滞阻尼器能消耗能量、限制共振时的振幅，如果阻尼很小还能轻微地降低固有频率[2]。文章 [3] 指出惯容能储存能量，然而惯容对振动系统其他固有属性（如固有频率等）的影响在此前还未被研究。

本章的目的是讨论惯容对振动系统固有频率的基本影响，从理论上证明惯容确实能降低振动系统的固有频率，同时探讨如何高效地使用惯容降低振动系统的固有频率。

2.2　预 备 知 识

众所周知，所有包含质量和弹性的系统都能自由振动，而且是无外部激励下的振动[2]。人们主要对这类振动系统的固有频率感兴趣。对于一个如图 2.1 所示

的单自由度含弹簧-质量块的系统，它的动力学方程可以写为

$$m\ddot{x} + c\dot{x} + kx = 0$$

另一种形式为

$$\ddot{x} + 2\zeta\omega_n\dot{x} + \omega_n^2 x = 0 \tag{2.1}$$

其中，ω_n 称为固有频率；ζ 为模态阻尼系数。

$$\omega_n = \sqrt{\frac{k}{m}}$$
$$\zeta = \frac{c}{2\sqrt{mk}}$$

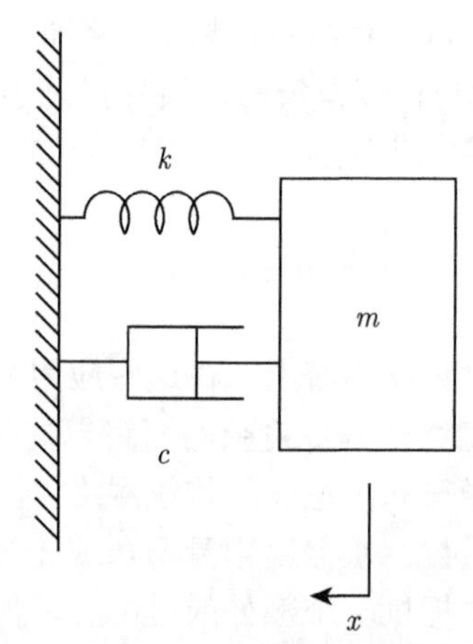

图 2.1　单自由度含弹簧-质量块的系统

阻尼对固有频率的影响是众所周知的，为简化只考虑无阻尼保守系统。对于一个无阻尼系统，$\zeta = 0$，此时式 (2.1) 的解为

$$x(t) = \frac{\dot{x}(0)}{\omega_n}\sin(\omega_n t) + x(0)\cos(\omega_n t)$$

其中，$\dot{x}(0)$ 和 $x(0)$ 为初始速度和初始位移，这意味着系统以固有频率简谐运动。

对于受迫振动，当激励频率等于固有频率时可能引起共振现象，导致系统过度偏移和损坏 [4]。实际上，人们总希望通过恰当地调整系统的固有频率避免或者引起共振。如图 2.2 所示，这个嵌入弹簧和质量块的系统固有频率应该和环境频率一致 [5]。这样就能利用共振获取最大的振动能量。对于发动机安装系统 [6]，它的固有频率应低于发动机怠速状态的扰动频率来避免安装系统受激共振。

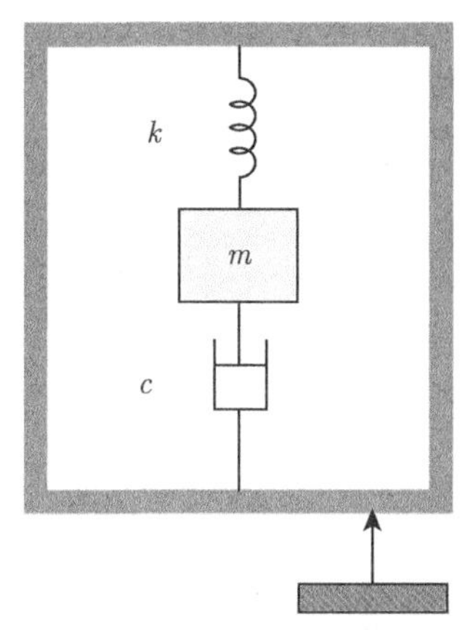

图 2.2　基于振动的自供电系统模型

传统的减少弹性系统固有频率的方法主要是降低刚度或增加振动系统的质量，然而这可能是有问题的。例如，发动机安装刚度太低会导致大的静态和准静态发动机位移，这可能损坏发动机的一些元件 [6]。除这两种方法，并联惯容也能有效地降低系统的固有频率。

2.3 单自由度系统

图 2.3 所示为一个含惯容的 SDOF 系统。其自由振动的动力学方程为

$$(m+b)\ddot{x}+kx=0 \tag{2.2}$$

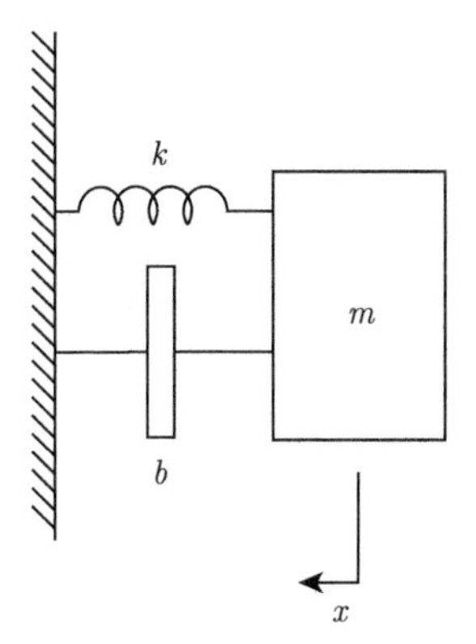

图 2.3　含一个惯容的 SDOF 系统

式 (2.2) 可转换为振动分析的标准形式，即

$$\ddot{x}+\omega_n^2 x=0$$

其中，$\omega_n = \sqrt{\dfrac{k}{m+b}}$，称为无阻尼系统的固有频率。

命题 2.1 SDOF 系统的固有频率 ω_n 是随着惯容量 b 递减的函数。因此，惯容能降低 SDOF 系统的固有频率。

注 2.1 在文献 [3] 中，惯容的一个作用是将其一端接机械地（固定参考点）模拟质量。观察式 (2.2) 可知，一个单端接地的惯容能有效地“增加”连接在惯容另一端点上质量块的质量。

2.4 双自由度系统

图 2.4 展示了一个含两个惯容的 TDOF 系统。下面探讨惯容对一个 TDOF 系统固有频率的影响。

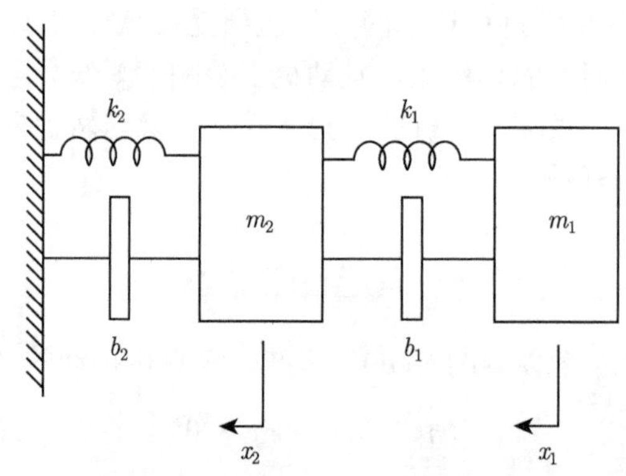

图 2.4 有两个惯容的 TDOF 系统

该系统自由振动的动力学方程为

$$
\begin{aligned}
m_1\ddot{x}_1 + k_1(x_1 - x_2) + b_1(\ddot{x}_1 - \ddot{x}_2) = 0 \\
m_2\ddot{x}_2 - k_1(x_1 - x_2) - b_1(\ddot{x}_1 - \ddot{x}_2) + k_2x_2 + b_2\ddot{x}_2 = 0
\end{aligned}
$$

或者用一个更紧凑的方式，即

$$
M\ddot{x} + Kx = 0
$$

其中，M 称为惯性矩阵；K 称为刚度矩阵 [4]。

$$
M = \begin{bmatrix} m_1 + b_1 & -b_1 \\ -b_1 & m_2 + b_1 + b_2 \end{bmatrix}, \quad K = \begin{bmatrix} k_1 & -k_1 \\ -k_1 & k_1 + k_2 \end{bmatrix}
$$

惯容量 b_1 和 b_2 仅存在于惯性矩阵 M 中，但 b_1 和 b_2 的位置不同。例如，矩阵所示的 b_1 存在于 M 的每一个元素中，但 b_2 只存在于 M 矩阵的最后一个元素中。因为 b_2 的一端接地，所以 b_2 可以有效地放大 m_2 的质量。这与注 2.1的结论相符。

通过求解特征方程可以获得该系统的两个固有频率 [4]，即

$$\begin{aligned}\Delta(\omega) &= \left|K - M\omega^2\right| \\ &= \left[m_1m_2 + m_1(b_1+b_2) + m_2b_1 + b_1b_2\right]\omega^4 - [(m_1+m_2)k_1 + m_1k_2 \\ &\quad + k_1b_2 + b_1k_2]\omega^2 + k_1k_2 \\ &= 0\end{aligned} \tag{2.3}$$

因此

$$\omega_{n1} = \sqrt{\frac{k_1k_2\left[f_1 + f_2 - \sqrt{(f_1-f_2)^2 + 4d_0}\right]}{2(f_1f_2 - d_0)}} \tag{2.4}$$

$$\omega_{n2} = \sqrt{\frac{k_1k_2\left[f_1 + f_2 + \sqrt{(f_1-f_2)^2 + 4d_0}\right]}{2(f_1f_2 - d_0)}} \tag{2.5}$$

其中，$f_1 = (m_1 + m_2 + b_2)k_1$；$f_2 = (m_1 + b_1)k_2$；$d_0 = k_1k_2m_1^2$。

命题 2.2 对于一个有两个惯容的 TDOF 系统，两个固有频率 ω_{n1} 和 ω_{n2} 都是随惯容量 b_1 和 b_2 单调递减的函数。

证明 ω_{n1} 和 ω_{n2} 的单调性可以通过检查 ω_{n1}^2 和 ω_{n2}^2 对 f_1 和 f_2 一阶导数的符号来证明，即

$$\frac{\partial\omega_{n1}^2}{\partial f_1} = -\frac{k_1k_2(q_1 - q_2)}{2(d_0 - f_1f_2)^2\sqrt{(f_1-f_2)^2 + 4d_0}}$$

$$\frac{\partial\omega_{n2}^2}{\partial f_1} = -\frac{k_1k_2(q_1 + q_2)}{2(d_0 - f_1f_2)^2\sqrt{(f_1-f_2)^2 + 4d_0}}$$

其中

$$q_1 = (d_0 + f_2^2)\sqrt{(f_1-f_2)^2 + 4d_0}$$

$$q_2 = f_1(d_0 - f_2^2) + 3f_2d_0 + f_2^3$$

注意，$q_1 > 0$，$q_1^2 - q_2^2 = 4d_0f_2^2(f_1 - d_0/f_2)^2$，因此 $|q_1| > |q_2|$。这说明，$\dfrac{\partial\omega_{n1}^2}{\partial f_1} < 0$ 且 $\dfrac{\partial\omega_{n2}^2}{\partial f_1} < 0$，所以 ω_{n1} 和 ω_{n2} 都是随惯容量 b_2 递减的函数。

相似地，有

$$\frac{\partial \omega_{n1}^2}{\partial f_2} = -\frac{k_1 k_2 (q_3 - q_4)}{2(d_0 - f_1 f_2)^2 \sqrt{(f_1 - f_2)^2 + 4d_0}}$$

$$\frac{\partial \omega_{n2}^2}{\partial f_2} = -\frac{k_1 k_2 (q_3 + q_4)}{2(d_0 - f_1 f_2)^2 \sqrt{(f_1 - f_2)^2 + 4d_0}}$$

其中

$$q_3 = (d_0 + f_1^2)\sqrt{(f_1 - f_2)^2 + 4d_0}$$

$$q_4 = f_2(d_0 - f_1^2) + 3f_1 d_0 + f_1^3$$

因为 $q_3 > 0$，$q_3^2 - q_4^2 = 4d_0 f_1^2 (f_2 - d_0/f_1)^2 > 0$，所以 $|q_3| > |q_4|$，$\dfrac{\partial \omega_{n1}^2}{\partial f_2} < 0$，$\dfrac{\partial \omega_{n2}^2}{\partial f_2} < 0$，即 ω_{n1} 和 ω_{n2} 都是随惯容量 b_1 递减的函数。

2.5 多自由度系统

惯容能降低 SDOF 系统和 TDOF 系统的固有频率。为了找出这一规律是否适用于任意振动系统，下面探讨图 2.5 所示的含惯容的 MDOF 系统。

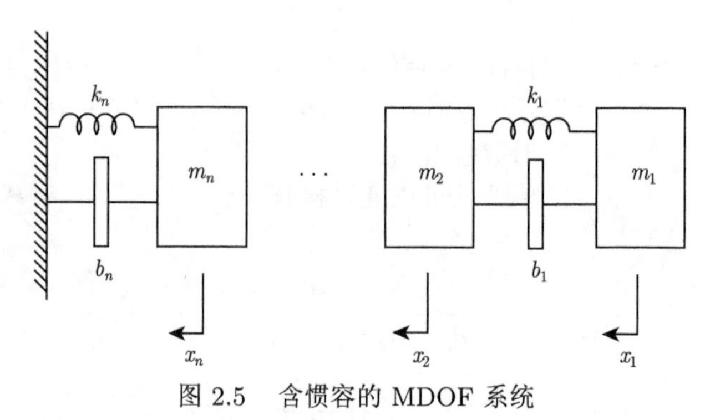

图 2.5 含惯容的 MDOF 系统

图 2.5 所示的 MDOF 系统的动力学方程为

$$M\ddot{x} + Kx = 0$$

其中，$x = [x_1, x_2, \cdots, x_n]^{\mathrm{T}}$。

$$M = \begin{bmatrix} m_1 + b_1 & -b_1 & 0 & \cdots & 0 & 0 \\ -b_1 & m_2 + b_1 + b_2 & -b_2 & \cdots & 0 & 0 \\ \vdots & \vdots & \vdots & & \vdots & \vdots \\ 0 & 0 & 0 & \cdots & -b_{n-1} & m_n + b_{n-1} + b_n \end{bmatrix}$$

$$K = \begin{bmatrix} k_1 & -k_1 & 0 & \cdots & 0 & 0 \\ -k_1 & k_1+k_2 & -k_2 & \cdots & 0 & 0 \\ \vdots & \vdots & \vdots & & \vdots & \vdots \\ 0 & 0 & 0 & \cdots & -k_{n-1} & k_{n-1}+k_n \end{bmatrix}$$

众所周知，MDOF 系统的自由振动问题可以描述为如下特征根问题[2,7]，即

$$(K - M\lambda_j)\varphi_j = 0 \tag{2.6}$$

其中，$j = 1, 2, \cdots, n$；$\omega_{ni} = \sqrt{\lambda_j}$，$\omega_{ni}$ 是这个系统的固有频率；φ_j 为与第 j 个固有频率 ω_{nj} 相对应的模态（将 N 维自由振动系统解耦成 N 个正交的单自由度振动系统，则这些无关的单自由度振动系统对应原系统的 N 个模态），并且 φ_j 被归一化为单位质量的模态，即 $\varphi_j^{\mathrm{T}} M \varphi_j = 1$。

对每个与惯容量相关的特征值和特征向量进行分析，可以得到以下结论。

命题 2.3 考虑图 2.5 所示的 MDOF 系统，对于任意特征值 λ_j（$j = 1, 2, \cdots, n$）和任意惯容量 b_i（$i = 1, 2, \cdots, n$）有下式成立，即

$$\frac{\partial \lambda_j}{\partial b_i} = -\lambda_j \varPhi_{ij} \tag{2.7}$$

$$\frac{\partial \varPhi_{ij}}{\partial b_i} = 2\varPhi_{ij}\left(-\frac{1}{2}\varPhi_{ij} + \sum_{l=1, l\neq j}^{n} \frac{\lambda_j}{\lambda_l - \lambda_j}\varPhi_{il}\right) \tag{2.8}$$

$$\frac{\partial^2 \lambda_j}{\partial b_i^2} = 2\lambda_j \varPhi_{ij}\left(\varPhi_{ij} - \sum_{l=1, l\neq j}^{n} \frac{\lambda_j}{\lambda_l - \lambda_j}\varPhi_{il}\right) \tag{2.9}$$

其中

$$\varPhi_{ij} = \varphi_j^{\mathrm{T}} \frac{\partial M}{\partial b_i} \varphi_{lj} = \begin{cases} \left(\varphi_j^{(i)} - \varphi_j^{(i+1)}\right)^2, & i \neq n \\ \left(\varphi_j^{(n)}\right)^2, & i = n \end{cases}$$

证明 受文献 [7]-[9] 对与结构参数有关的固有频率（特征值）和模态（特征向量）的灵敏度分析的启发。下面对固有频率进行灵敏度分析。

考虑第 i 个惯容量对第 j 个固有频率 ω_{nj} 的影响，式 (2.6) 对 b_i 的导数可以写为

$$\left(\frac{\partial K}{\partial b_i} - \frac{\partial \lambda_j}{\partial b_i} M - \lambda_j \frac{\partial M}{\partial b_i}\right)\varphi_j + (K - \lambda_j M)\frac{\partial \varphi_j}{\partial b_i} = 0 \tag{2.10}$$

式 (2.10) 两边都预先乘以 φ_j^{T}，考虑 $\dfrac{\partial K}{\partial b_i} = 0$ (K 与 b_i 无关)、$\varphi_j^{\mathrm{T}}(K - \lambda_j M) = 0$，以及 $\varphi_j^{\mathrm{T}} M \varphi_j = 1$，可得

$$\frac{\partial \lambda_j}{\partial b_i} = -\lambda_j \varphi_j^{\mathrm{T}} \frac{\partial M}{\partial b_i} \varphi_j = 0 \tag{2.11}$$

注意

$$\frac{\partial M}{\partial b_i}=\begin{cases}\begin{bmatrix}0 & & & & & \\ & \ddots & & & & \\ & & 1 & -1 & & \\ & & -1 & 1 & & \\ & & & & \ddots & \\ & & & & & 0\end{bmatrix}, & i\neq n\\ \begin{bmatrix}0 & & & \\ & \ddots & & \\ & & 0 & \\ & & & 1\end{bmatrix}, & i=n\end{cases}$$

当 $i \neq n$ 时的非零元素位于第 $i, i+1$ 行和第 $i, i+1$ 列。

因此，可得

$$\frac{\partial \lambda_j}{\partial b_i}=\begin{cases}-\lambda_j\left(\varphi_j^{(i)}-\varphi_j^{(i+1)}\right)^2, & i\neq n\\ -\lambda_j\left(\varphi_j^{(n)}\right)^2, & i=n\end{cases} \tag{2.12}$$

其中，$\varphi_j^{(i)}$（$i=1,2,\cdots,n$）为 φ_j 第 i 个元素。

因为

$$\varPhi_{ij}=\varphi_j^{\mathrm{T}}\frac{\partial M}{\partial b_i}\varphi_j=\begin{cases}\left(\varphi_j^{(i)}-\varphi_j^{(i+1)}\right)^2, & i\neq n\\ \left(\varphi_j^{(n)}\right)^2, & i=n\end{cases}$$

其中，$j=1,2,\cdots,n$，

式 (2.7) 得证。

由式 (2.7) 可知

$$\frac{\partial \lambda_j}{\partial b_i}\leqslant 0 \tag{2.13}$$

仅当 $i \neq n$ 或 $i=n$ 且 $\varphi_j^{(n)}=0$ 时，式 (2.13) 取等量。因为 j 和 i 是任意选的，式 (2.7) 对任意与惯容量 b_i 有关的固有频率成立。这表明，总能通过增加任意惯容的惯容量减少 MDOF 系统的固有频率。

对于 $\lambda_j>0$（$j=1,2,\cdots,n$）总是成立的离散振动系统（若 $\lambda_j=0$，振动系统可以降阶为一个低自由度的系统），$\dfrac{\partial \lambda_j}{\partial b_i}\leqslant 0$ 的充要条件为

$$\frac{\partial M}{\partial b_i}\geqslant 0 \tag{2.14}$$

由此可以得出以下命题。

命题 2.4　① 总能通过增加任意惯容的惯容量减少图 2.5 所示 MDOF 系统的固有频率。

② 只要 MDOF 系统的惯性矩阵满足式 (2.14)，就可以通过增加一个惯容的惯容量减少它的固有频率。

注 2.2　命题 2.4 的第二个结论表明，用一个惯容就能降低固有频率的振动系统，并不局限于图 2.5 所示的单轴 MDOF 系统。只要满足式 (2.14) 即可，如全车悬架系统 [10]、火车悬架系统 [11–13]、建筑物 [14] 等。

注 2.3　命题 2.4 很容易从物理上理解。将惯容量 b_i 增加一个小的增量 ε_{b_i}，可得

$$M = M_0 + \varepsilon_{b_i}\frac{\partial M}{\partial b_i} \tag{2.15}$$

其中，M_0 为原始惯性矩阵。

因为 $\dfrac{\partial M}{\partial b_i}$ 半正定，式 (2.15) 可以解释为增加整个系统的质量，这必然导致固有频率的降低。

从命题 2.4 来看，似乎插入一个惯容量相对较大的惯容，一个 MDOF 系统的所有的固有频率都会下降。因为增加的惯容量可以视为一堆小增量的积分，但是这并不总能成立。如果原始系统的两个特征值的差不是很大，或者惯容量的增量不够小，两种特定的固有频率将存在多种排列方式。图 2.6 展示了一个三自由度系统固有频率的排列，其中 $m_i = 100$ kg、$k_i = 1000$ N/m$(i = 1, 2, 3)$、$b_1 = b_3 = 0$ kg、$b_2 \in [0, 600]$ kg。如果按 $\lambda_1 \geqslant \lambda_2 \geqslant \cdots \geqslant \lambda_n$ 将特征值排序，随着惯容量的增加，λ_i（$i = 1, 2, \cdots, n$）将递减。在以下各章中，除非另有说明，特征值始终按降序排列。

注 2.4　有时可以得到一个特定系统中部分固有频率的计算公式。这表明，对于一些特定的系统，可以在维持其他固有频率不变时降低部分固有频率。这个事实可以用图 2.7 所示的 TDOF 系统在 $m_1 = m_2 = m$、$k_1 = k_3 = k$、$b_1 = b_3 = b$ 求证，此时系统的固有频率为

$$\omega_{n1} = \sqrt{\frac{k}{m+b}} \tag{2.16}$$

$$\omega_{n2} = \sqrt{\frac{k+2k_2}{m+b+2b_2}} \tag{2.17}$$

显然，增大 b_2 能降低 ω_{n2}，但不能降低 ω_{n1}。

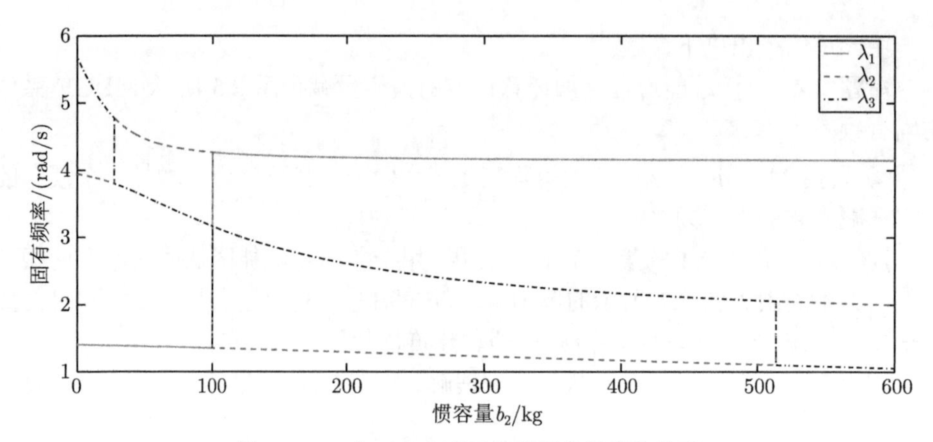

图 2.6　一个三自由度系统的固有频率的排列

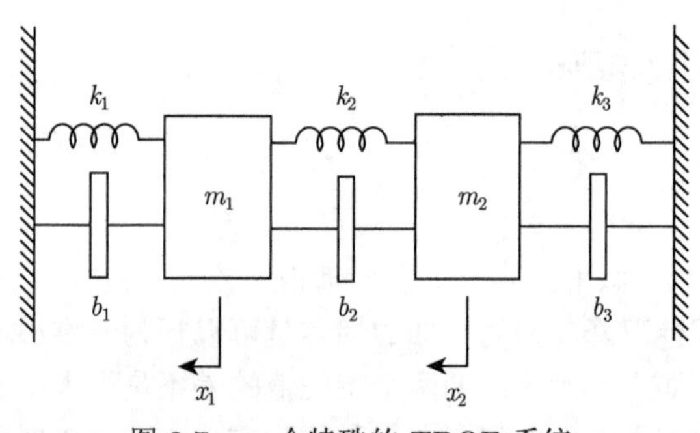

图 2.7　一个特殊的 TDOF 系统

2.6　惯容位置对固有频率的影响

惯容可以降低任意满足式 (2.14) 的 MDOF 系统的固有频率。但是，对于任意一个 MDOF 系统（图 2.5），惯容的位置对一个特定固有频率的影响是未知的。尤其是，对于一个特定的固有频率（如最高固有频率），在哪里插入惯容才能最有效地降低它。下面研究如图 2.4 所示的 TDOF 系统，并给出这个问题在 TDOF 系统中的解析解。

由式 (2.13)，当 $n=2$ 时，可得

$$\frac{\partial \lambda_j}{\partial b_1} = -\lambda_j \left(\varphi_j^{(1)} - \varphi_j^{(2)}\right)^2 \tag{2.18}$$

$$\frac{\partial \lambda_j}{\partial b_2} = -\lambda_j \left(\varphi_j^{(2)}\right)^2 \tag{2.19}$$

其中，$j=1,2$。

通过增加较小的惯容量可以比较 b_1 和 b_2 降低固有频率的效率。这等同于比较式 (2.18) 和式 (2.19) 中导数的绝对值，由此可得以下命题。

命题 2.5 对于一个小的惯容量的增量，以及一个特定的 λ_j（$j=1,2$），仅当满足下述条件时，增加 b_1 比增加 b_2 更有效，即

$$\frac{k_1}{2m_1+b_1}<\lambda_{j0}<\frac{k_1}{b_1} \tag{2.20}$$

或

$$\lambda_{j0}>\frac{k_2}{m_2+b_2} \quad 或 \quad \lambda_{j0}<\frac{k_2}{m_2+b_2+2m_1} \tag{2.21}$$

仅当满足下述条件时，增加 b_2 比增加 b_1 更有效，即

$$\lambda_{j0}>\frac{k_1}{b_1} \quad 或 \quad \lambda_{j0}<\frac{k_1}{b_1+2m_1} \tag{2.22}$$

或

$$\frac{k_2}{m_2+b_2+2m_1}<\lambda_{j0}<\frac{k_2}{m_2+b_2} \tag{2.23}$$

其中，λ_{j0} $(j=1,2)$ 为原始系统的特征值。

证明 由式 (2.6) 可得

$$\varphi_j^{(1)}-\varphi_j^{(2)}=\frac{\lambda_j m_1}{k_1-\lambda_j(m_1+b_1)}\varphi_j^{(2)} \tag{2.24}$$

$$=\frac{k_2-\lambda_j(m_1+m_2+b_2)}{\lambda_j m_1}\varphi_j^{(2)} \tag{2.25}$$

其中，$j=1,2$。

通过检查式 (2.6) 的第一行可以得到式 (2.24)，通过求式 (2.6) 第一、二行的和可以得到式 (2.25)。

注意

$$\left|\frac{\partial\lambda_j}{\partial b_1}\right|-\left|\frac{\partial\lambda_j}{\partial b_2}\right|=\lambda_j\left[(\varphi_j^{(1)}-\varphi_j^{(2)})^2-(\varphi_j^{(2)})^2\right]$$

分别用式 (2.24) 和式 (2.25) 替换，可以得到命题 2.5 中的条件。

判别式 (2.20) 和式 (2.21)，以及式 (2.22) 和式 (2.23) 是同一概念，因为式 (2.24) 和式 (2.25) 是相等的。命题 2.5 只适用于惯容量增量很小的情况，因为它是通过比较切线的斜率得到的。当原系统不含惯容时，如果可以给图 2.4 中系统一个较大惯容量的增量，对增加 b_1 还是 b_2，哪个惯容的效率更高这一问题的研究结果如下。

检查两种情况，即 $b_2=0$、$b_1=0$。若 $b_2=0$，$b_1=b$，由式 (2.4) 和式 (2.5) 可得

$$\omega_{n1}=\sqrt{\frac{(m_1+m_2)k_1+m_1k_2+k_2b_1-\sqrt{[(m_1+m_2)k_1-m_1k_2-b_1k_2]^2+4k_1k_2m_1^2}}{2[m_1m_2+(m_1+m_2)b_1]}}$$

$$\omega_{n2}=\sqrt{\frac{(m_1+m_2)k_1+m_1k_2+k_2b_1+\sqrt{[(m_1+m_2)k_1-m_1k_2-b_1k_2]^2+4k_1k_2m_1^2}}{2[m_1m_2+(m_1+m_2)b_1]}}$$

若 $b_1=0$，$b_2=b$，可得

$$\omega_{n1}'=\sqrt{\frac{(m_1+m_2)k_1+m_1k_2+k_1b_2-\sqrt{[(m_1+m_2)k_1-m_1k_2+b_2k_1]^2+4k_1k_2m_1^2}}{2(m_1m_2+m_1b_2)}}$$

$$\omega_{n2}'=\sqrt{\frac{(m_1+m_2)k_1+m_1k_2+k_1b_2+\sqrt{[(m_1+m_2)k_1-m_1k_2+b_2k_1]^2+4k_1k_2m_1^2}}{2(m_1m_2+m_1b_2)}}$$

上面的问题可以通过分别比较 ω_{n1}、ω_{n2} 和 ω_{n1}'、ω_{n2}' 求解。因此，可以得到以下命题。

命题 2.6 令

$$b_0=\frac{k_1m_2\left[2m_1k_2-(2m_1+m_2)k_1\right]}{(k_2-k_1)\left[m_1k_2-(m_1+m_2)k_1\right]}$$

①对于最高固有频率 ω_{n2}，若 $k_2\leqslant\left(1+\dfrac{m_2}{m_1}\right)k_1$，增大 b_1 比增大 b_2 更有效。

②对于最高固有频率 ω_{n2}，若 $k_2>\left(1+\dfrac{m_2}{m_1}\right)k_1$，$b_1$ 在 $[0,b_0]$ 更有效，b_2 在 $[b_0,+\infty)$ 更有效。

③对于最低固有频率 ω_{n1}，若 $k_2>\left(1+\dfrac{m_2}{2m_1}\right)k_1$，增大 b_1 比增大 b_2 更有效。

④对于最低固有频率 ω_{n1}，若 $k_1\leqslant k_2\leqslant\left(1+\dfrac{m_2}{2m_1}\right)k_1$，$b_2$ 在 $[0,b_0]$ 更有效，b_1 在 $[b_0,+\infty)$ 更有效。

⑤对于最低固有频率 ω_{n1}，若 $k_2<k_1$，增大 b_2 比增大 b_1 更有效。

证明 令 $b_1=b_2=b$，则有

$$d_1=2(m_1m_2+m_1b)$$

$$d_2 = 2\left[m_1 m_2 + (m_1 + m_2)b\right]$$

$$d_3 = (m_1 + m_2)k_1 + m_1 k_2 + k_2 b$$

$$d_4 = (m_1 + m_2)k_1 + m_1 k_2 + k_1 b$$

$$d_5 = \sqrt{\left[bk_2 + m_1 k_2 - (m_1 + m_2)k_1\right]^2 + 4k_1 k_2 m_1^2}$$

$$d_6 = \sqrt{\left[bk_1 - m_1 k_2 + (m_1 + m_2)k_1\right]^2 + 4k_1 k_2 m_1^2}$$

且

$$F_1(b) = \omega_{n1}^2 - {\omega'}_{n1}^2 = \frac{d_1 d_3 - d_2 d_4 - d_1 d_5 + d_2 d_6}{d_1 d_2}$$

$$F_2(b) = \omega_{n2}^2 - {\omega'}_{n2}^2 = \frac{d_1 d_3 - d_2 d_4 + d_1 d_5 - d_2 d_6}{d_1 d_2}$$

令

$$b_0 = \frac{k_1 m_2 \left[2m_1 k_2 - (2m_1 + m_2)k_1\right]}{(k_2 - k_1)\left[m_1 k_2 - (m_1 + m_2)k_1\right]}$$

通过直接求解，能轻松地验证 $F_1(b) = 0$ 和 $F_2(b) = 0$ 在 0 和 b_0 处有解。但是，当 $b \neq 0$ 时，$F_1(b)$ 和 $F_2(b)$ 不能同时为 0。因此，$F_1(b_0) = 0$ 和 $F_2(b_0) = 0$ 不能同时成立。特别是，因为 $b > 0$，人们对 $k_2 \in [k_1, (1 + m_2/(2m_1))\,k_1]$ 和 $k_2 \in [(1 + m_2/m_1)k_1, \infty)$ 的情况更感兴趣（$b_0 \geqslant 0$）。

接下来证明，b_0 在 $k_2 \in [(1 + m_2/m_1)k_1, \infty)$ 时为正数，此时的 b_0 仅为 $F_2(b) = 0$ 的解；当 $k_2 \in (0, (1 + m_2/m_1)k_1]$ 时，b_0 仅为 $F_1(b) = 0$ 的解。

令

$$\Delta_2 = m_1 k_2 - (m_1 + m_2)k_1$$

$$\Delta_1^2 = \Delta_2^2 + 4k_1 k_2 m_1^2$$

则

$$d_5 = \sqrt{bk_2^2 + 2\Delta_2 k_2 b + \Delta_1^2} = k_2 b + \Delta_2 + \frac{2k_1 m_1^2}{b} + O\left(\frac{1}{b^2}\right)$$

$$d_6 = \sqrt{bk_1^2 - 2\Delta_2 k_1 b + \Delta_1^2} = k_1 b - \Delta_2 + \frac{2k_2 m_1^2}{b} + O\left(\frac{1}{b^2}\right)$$

由此可得

$$F_2(b) = \frac{d_1 d_3 - d_2 d_4 + d_1 d_5 - d_2 d_6}{d_1 d_2}$$

$$
\begin{aligned}
&= \frac{\Delta_2 \left[4b^2 + 4(m_1 + m_2)b + 4m_1m_2\right]}{d_1d_2} \\
&\quad - \frac{4m_1 \left\{m_2k_1 - m_1 \left[k_1m_1 - k_2(m_1 + m_2)\right]\right\}}{d_1d_2} + O\left(\frac{1}{b}\right)
\end{aligned}
$$

若 $\Delta_2 < 0$ 且 $k_2 > k_1$（与 $k_1 < k_2 < (1 + m_2/m_1)k_1$ 等价），省略高阶项 $O\left(\frac{1}{b}\right)$ 后，$F_2(b)$ 总为负。这表明，若 $k_2 < (1 + m_2/m_1)k_1$，则 $F_2(b) = 0$ 只有普通解 0。如果 $k_2 \geqslant (1 + m_2/m_1)k_1$，则 $F_2(b) = 0$ 在 0 和 b_0 处有解。因此，若 $k_2 < (1 + m_2/m_1)k_1$，则 $F_1(b) = 0$ 在 0 和 b_0 处有解；若 $k_2 \geqslant (1 + m_2/m_1)k_1$，则 $F_1(b) = 0$ 只有一个普通解 0。因为

$$
\begin{aligned}
F_1(b) &= \frac{d_1d_3 - d_2d_4 - d_1d_5 + d_2d_6}{d_1d_2} \\
&= \frac{4m_1(m_1+m_2)(k_1-k_2)b - 4m_1\left[m_1^2(k_1-k_2) - m_2k_1(m_1+m_2)\right] - O\left(\frac{1}{b}\right)}{d_1d_2}
\end{aligned}
$$

由系数的关系和 $F_1(b)$、$F_2(b)$ 的根可得以下结论。

① 当 $k_2 > (1+m_2/m_1)k_1$ 时，有 $F_1(b) \leqslant 0$。当 $b \in [0, b_0]$ 时，有 $F_2(b) \leqslant 0$；当 $b \in (b_0, \infty)$ 时，有 $F_2(b) > 0$。

② 若 $[1 + m_2/(2m_1)]k_1 \leqslant k_2 \leqslant (1 + m_2/m_1)k_1$，有 $F_1(b) < 0$ 和 $F_2(b) < 0$。

③ 若 $k_1 \leqslant k_2 < [1 + m_2/(2m_1)]k_1$，则 $F_2(b) < 0$。当 $b \in [0, b_0]$ 时，有 $F_1(b) \geqslant 0$；当 $b \in (b_0, \infty)$ 时，有 $F_1(b) < 0$。

④ 若 $k_2 < k_1$，则 $F_1(b) > 0$，$F_2(b) < 0$。

综上所述，命题 2.6 和图 2.8~图 2.11 所示的四种情况得证。

命题 2.6 涉及四种情况，即 $k_2 > (1 + m_2/m_1)k_1$、$(1 + m_2/(2m_1))k_1 \leqslant k_2 \leqslant (1 + m_2/m_1)k_1$、$k_1 \leqslant k_2 < [1 + m_2/(2m_1)]k_1$、$k_2 \leqslant k_1$。接下来给出一个数值算例，它的参数为 $m_1 = m_2 = 100$ kg，$k_1 = 1000$ N/m，k_2 分别被选为 2500、1800、1300、500 N/m（与命题 2.6 的四种情况一一对应）。算例结果如图 2.8~图 2.11 所示。可以看到，针对最高固有频率，当惯容量的增量较小时（大约 0~250 kg），增加 b_1 比 b_2 更有效；对于更大的惯容量的增量，增加 b_2 比增加 b_1 更有效。

以上讨论基于 TDOF 系统。对于一个一般的 MDOF 系统，解决思路与命题 2.5 相似，即通过比较导数的绝对值判断不同位置插入惯容的效率。例如，考虑一个参数为 $m_i = 100$ kg（$i = 1, 2, \cdots, 6$）、$k_1 = 1000$ N/m、$k_2 = 1000$ N/m、

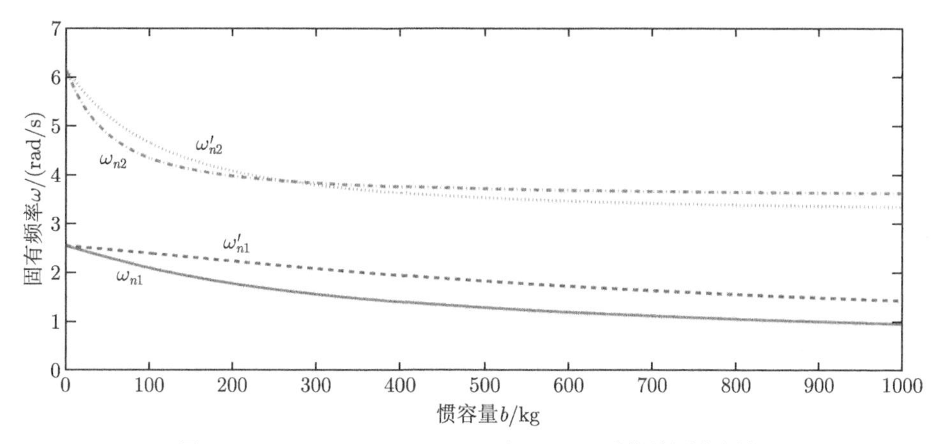

图 2.8 $k_2 > (1 + m_2/m_1)k_1$ 时 TDOF 系统的固有频率

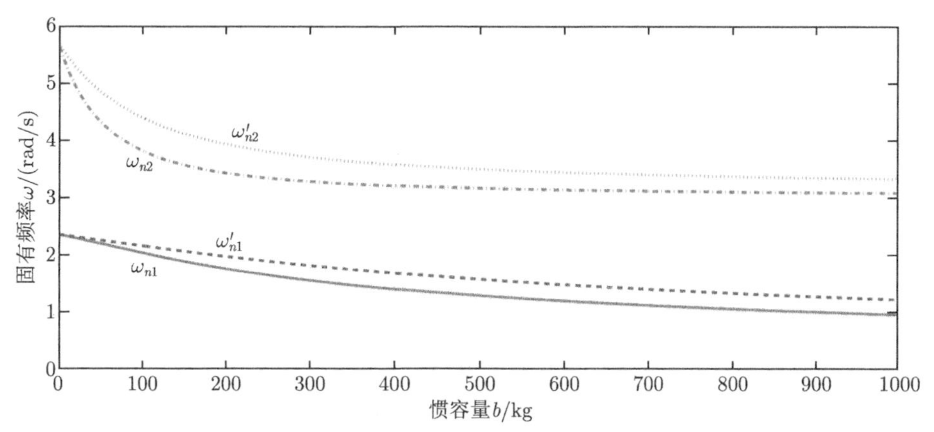

图 2.9 $[1 + m_2/(2m_1)]k_1 \leqslant k_2 \leqslant (1 + m_2/m_1)k_1$ 时 TDOF 系统的固有频率

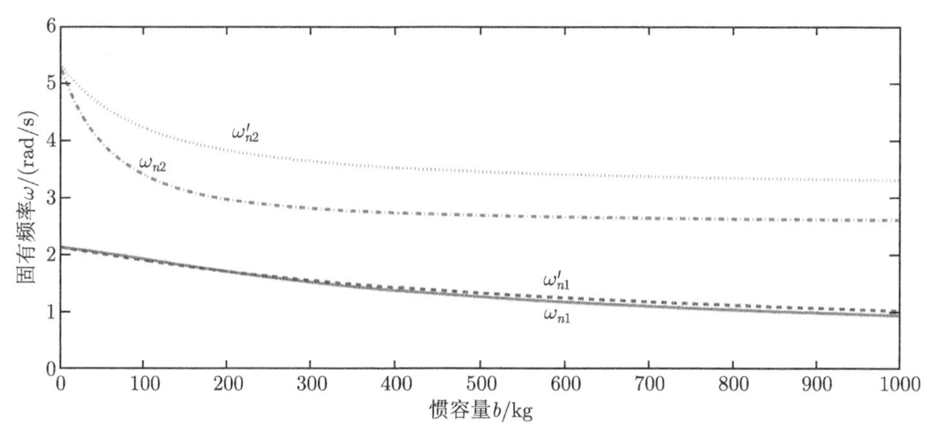

图 2.10 $k_1 \leqslant k_2 < [1 + m_2/(2m_1)]k_1$ 时 TDOF 系统的固有频率

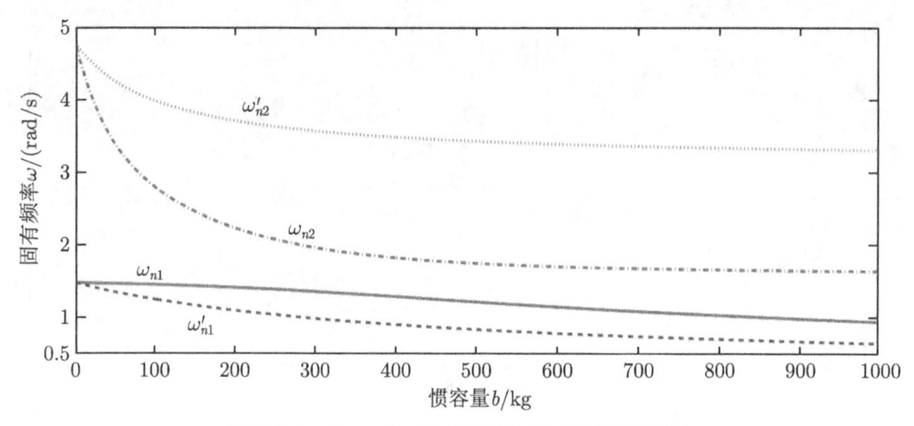

图 2.11　$k_2 \leqslant k_1$ 时 TDOF 系统的固有频率

$k_3 = 2000$ N/m、$k_4 = 2000$ N/m、$k_5 = 3000$ N/m、$k_6 = 3000$ N/m 的六自由度系统。问题目标是找到插入惯容的最有效位置来最大限度地减少最高固有频率。通过直接计算，可得 $\left|\dfrac{\partial \lambda_1}{\partial b_i}\right|$ 在 $i = 1, 2, \cdots, 6$ 时分别为 2.759×10^{-4}、0.0134、0.1559、0.8571、1.5999、0.4043。注意到 $\left|\dfrac{\partial \lambda_1}{\partial b_5}\right|$ 的值最大，因此 m_5 和 m_6 之间是插入一个惯容效率最高的位置，这与图 2.12 中的仿真结果相同。另一种找到最有效位置的方法是盖尔（Gershgorin）圆盘定理 [15]。该定理表明，各行绝对值的和的最大值为最大特征值的上界。因此，一个有效降低最高固有频率的方法是将惯容放在质量块 m_j 和 m_{j+1} 之间或 m_{j-1} 和 m_j 之间，其中矩阵 $M^{-1}K$ 第 j 行绝对值的和为该矩阵各行绝对值的和的最大值。以相同的六自由度系统为例，可得

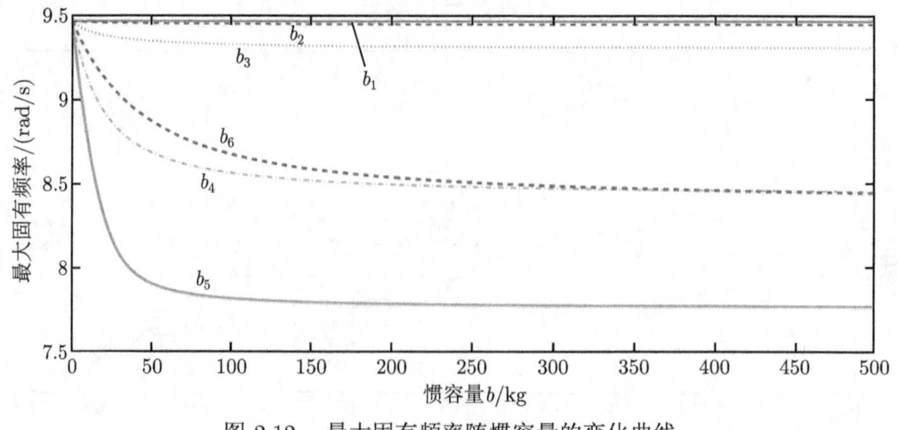

图 2.12　最大固有频率随惯容量的变化曲线

$$M^{-1}K = \begin{bmatrix} 10 & -10 & 0 & 0 & 0 & 0 \\ -10 & 20 & -10 & 0 & 0 & 0 \\ 0 & -10 & 30 & -20 & 0 & 0 \\ 0 & 0 & -20 & 40 & -20 & 0 \\ 0 & 0 & 0 & -20 & 50 & -30 \\ 0 & 0 & 0 & 0 & -30 & 60 \end{bmatrix}$$

矩阵 $M^{-1}K$ 各行绝对值的和分别为 20、40、60、80、100、90。因此，插入惯容的最佳位置是 m_5 和 m_6 之间，这也与图 2.12 中的仿真结果相符。

2.7 设计流程和数值算例

本节研究如何使用惯容减少一个振动系统的最高固有频率，并定量展示惯容减少固有频率的效率。

对于最高固有频率，由式 (2.8) 和式 (2.9) 可得

$$\frac{\partial \Phi_{ij}}{\partial b_i} \leqslant 0 \quad 和 \quad \frac{\partial^2 \lambda_j}{\partial b_i^2} \geqslant 0$$

其中，$\Phi_{ij} \geqslant 0$，在 $i \neq n$ 时等式 $\varphi_j^{(i)} = \varphi_j^{(i+1)}$ 成立，在 $i = n$ 时等式 $\varphi_j^{(n)} = 0$ 成立。

这表明，对于一个特定的惯容 b_i ($i = 1, 2, \cdots, n$)，总能通过增大惯容量减少系统的最高固有频率，直到通过惯容 b_i 连接的两个质量块被刚性连接。

下面用一个简单直观的方法降低给定结构的最高固有频率。这个方法是将惯容一个个地插入当前最高效位置，降低原始系统的最高固有频率。下面给出降低一个振动系统最高固有频率的流程。这个振动系统的结构与文献 [16]，[17] 中的相同，参数如表 2.1 所示。它的最高固有频率 $\omega_{\max}$ 为 133.91 rad/s，降低 $\omega_{\max}$ 的流程如图 2.13~图 2.18。过程和结果如表 2.2 所示。

表 2.1 结构模型参数

楼层质量/kg	刚度系数/(kN/m)
$m_1 = 5897$	$k_1 = 19059$
$m_2 = 5897$	$k_2 = 24954$
$m_3 = 5897$	$k_3 = 28621$
$m_4 = 5897$	$k_4 = 29093$
$m_5 = 5897$	$k_5 = 33732$
$m_6 = 6800$	$k_6 = 232$

流程描述如下。

Step 1，如图 2.13 所示，b_4 是在原系统中插入惯容最有效的位置，且当 $b_4 > 5000$ kg 时，$\omega_{\max}$ 下降缓慢，因此选择 $b_4 = 5000$ kg。

Step 2，如图 2.14 所示，b_2 是在原系统中插入惯容最有效的位置，且当 b_4 和 b_2 大于 5000 kg 时，$\omega_{\max}$ 下降缓慢，因此选择 $b_2 = 5000$ kg。

Step 3~Step 6，相似地，根据图 2.15~ 图 2.18，分别选择 $b_5 = 5000$ kg、$b_3 = 3000$ kg、$b_1 = 1000$ kg，以及 $b_6 = 1 \times 10^5$ kg。

表 2.2　过程和结果

步骤	惯容量/kg	$\omega_{\max}$/(rad/s)	百分比/%
1	$b_4 = 5000$	118.89	11.22
2	$b_4 = 5000$ $b_2 = 5000$	100.19	25.18
3	$b_4 = 5000$ $b_2 = 5000$ $b_5 = 5000$	90.49	32.43
4	$b_4 = 5000$ $b_2 = 5000$ $b_5 = 5000$ $b_3 = 3000$	78.15	41.64
5	$b_4 = 5000$ $b_2 = 5000$ $b_5 = 5000$ $b_3 = 3000$ $b_1 = 1000$	70.95	47.02
6	$b_4 = 5000$ $b_2 = 5000$ $b_5 = 5000$ $b_3 = 3000$ $b_1 = 1000$ $b_6 = 1 \times 10^5$	70.91	47.05

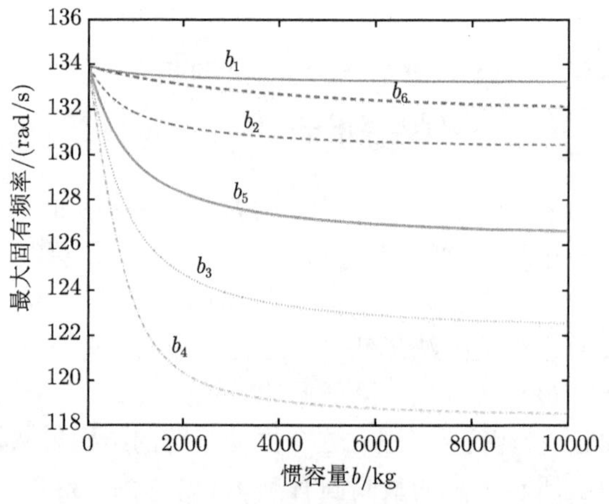

图 2.13　设计流程的第 1 步

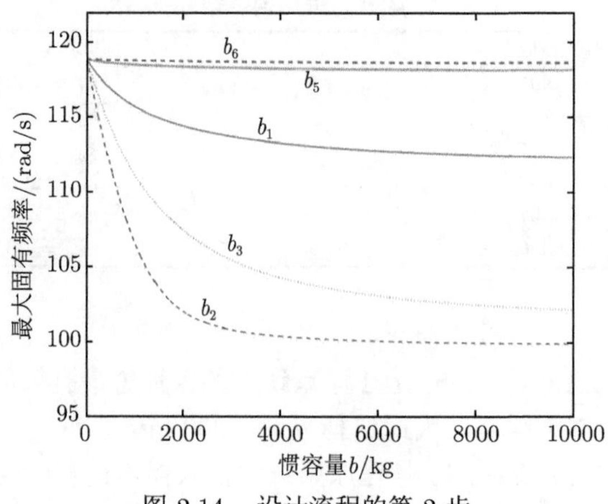

图 2.14　设计流程的第 2 步

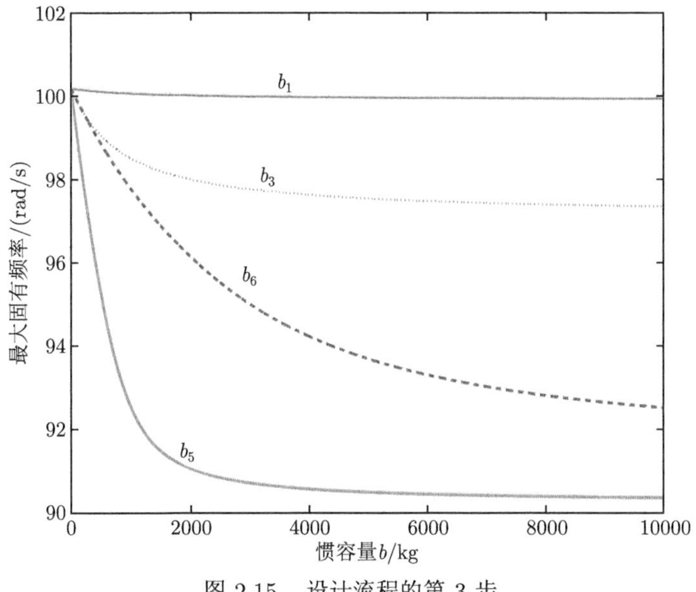

图 2.15 设计流程的第 3 步

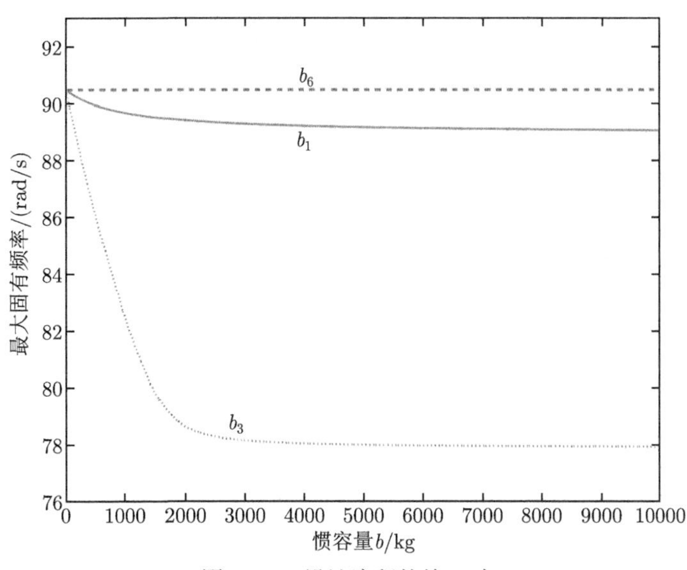

图 2.16 设计流程的第 4 步

以上方法并非最优方法，因为总能通过增大惯容量降低系统的固有频率，直到惯性矩阵 M 变成奇异阵（其中所有的固有频率变为 0）。但是，这种方法能够清楚地证明惯容在降低固有频率方面的效率。如表 2.2 所示，算例取得了使最高固有频率衰减 47.05% 的成果。有必要指出，b_6 所需的惯容量为 1×10^5 kg，但是最高固有频率只降低 0.03%。如果考虑实际成本因素，则可以省略 b_6，这样就只使用 5 个惯容。

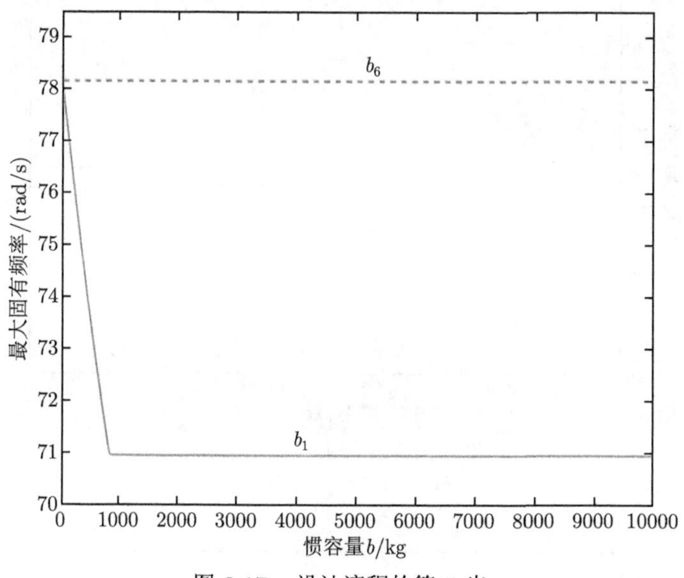

图 2.17　设计流程的第 5 步

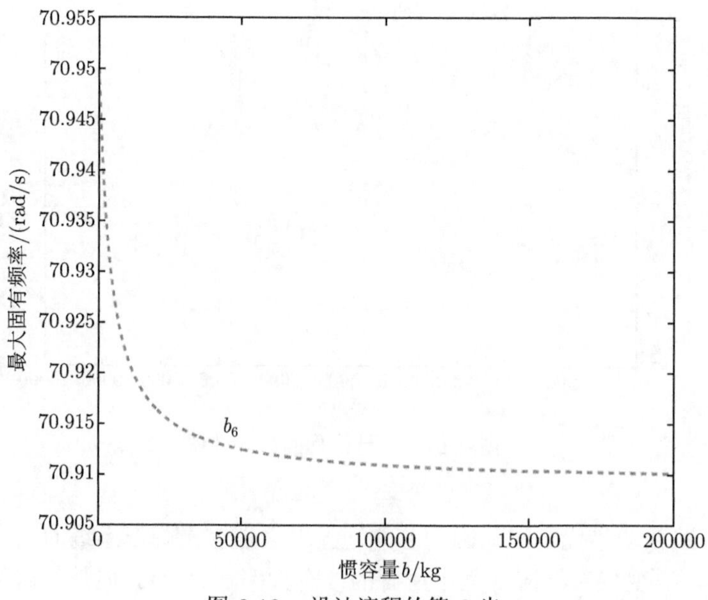

图 2.18　设计流程的第 6 步

2.8 结　论

本章研究惯容对振动系统固有频率的影响，使用代数方法推导出 SDOF 系统和 TDOF 系统固有频率的计算公式，证明惯容能降低系统的固有频率。同时，研究惯容对一般 MDOF 系统的影响，分析 MDOF 系统的固有频率和模态。结果表明，增大 MDOF 系统中任意一个惯容的惯容量，都能减少该系统的固有频率。然后，研究惯容在一般振动系统中降低固有频率的效率。最后，研究惯容位置对固有频率的影响，并提出一个简单的设计流程，验证惯容在降低系统最高固有频率方面的效率。仿真结果表明，在一个六自由度系统中可以仅用 5 个惯容将其最高固有频率降低 47% 以上。

参 考 文 献

[1] Chen M Z Q, Hu Y, Du B. Suspension performance with one damper and one inerter// The 24th Chinese Control and Decision Conference, Taiyuan, 2012: 3551-3556.

[2] Thomson W T. Theory of Vibration with Applications. 4th ed. New York: Prentice-Hall, 1993.

[3] Smith M C. Synthesis of mechanical networks: the inerter. IEEE Transactions on Automatic Control, 2002, 47(1): 1648-1662.

[4] Tse F S, Morse I E, Hinkle R T. Mechanical Vibrations. Maruzen: Allyn and Bacon, 1979.

[5] Beeby S P, Tudor M J, White N M. Energy harvesting vibration sources for microsystems applications. Measurement Science and Technology, 2006, 17(12): 175-195.

[6] Yu Y, Naganathan N G, Dukkipati R V. A literature review of atuomotive vehicle engine mounting systems. Mechanism and Machine Theory, 2001, 36(1): 123-142.

[7] Zhao J, DeWolf J T. Sensitivity study for vibrational parameters used in damage detection. Journal of Structural Engineering, 1999, 125(4): 410-416.

[8] Lin J, Parker R G. Sensitivity of planetary gear natural frequencies and vibration modes to model parameters. Journal of Sound and Vibration, 1999, 228(1): 109-128.

[9] Lee I W, Kim D O. Natural frequency and mode shape sensitivities of damped systems: Part I, distinct natural frequencies. Journal of Sound and Vibration, 1999, 223(3): 399-412.

[10] Smith M C, Wang F C. Performance benefits in passive vehicle suspensions employing inerters. Vehicle System Dynamics, 2004, 42(4): 235-257.

[11] Wang F C, Liao M K. The lateral stability of train suspension systems employing inerters. Vehicle System Dynamics, 2009, 48(5): 619-643.

[12] Wang F C, Hsieh M R, Chen H J. Stability and performance analysis of a full-train system with inerters. Vehicle System Dynamics, 2011, 50(4): 545-571.

[13] Jiang J Z, Matamoros-Sanchez A Z, Goodall R M, et al. Passive suspensions incorporating inerters for railway vehicles. Vehicle System Dynamics, 2012, 50(1): 263-276.
[14] Wang F C, Hong M F, Chen C W. Building suspensions with inerters. Proceedings of the Institution of Mechanical Engineers, Part C: Journal of Mechanical Engineering Science, 2010, 224(8): 1605-1616.
[15] Horn R A, Johnson C R. Matrix Analysis. Cambridge: Cambridge University Press, 1988.
[16] Kelly J M, Leitmann G, Soldatos A G. Robust control of base-isolated structures under earthquake excitation. Journal of Optimization Theory and Applications, 1987, 53: 159-180.
[17] Ramallo J C, Johnson E A, Spencer B F. Smart base isolation systems. Journal of Engineering Mechanics, 2002, 128(10): 1088-1099.

第 3 章　基于惯容的隔振系统

本章讨论单轴单自由度隔振系统中 IDVA 的分析和优化问题。为了从振动的角度更深入地了解惯容，第一部分分析并联和串联连接惯容的频率响应。第二部分介绍其他三个 IDVA，并以解析的方式提出 H_∞ 优化和 H_2 优化中的调谐步骤。当考虑相同的惯容量质量（或质量）比时，可实现的 IDVA 性能要优于传统的 DVA。此外，IDVA 具有两个独特的特性，使其比传统 DVA 更具吸引力。第一，IDVA 的惯容量质量比可以很容易地大于传统 DVA 的质量比，同时不会增加整个系统的物理质量。第二，IDVA 不需要在被隔振的物体上加额外的质量块。

3.1　简　　介

为了进一步分析惯容对振动系统的影响，本章研究 IDVA 在单轴单自由度隔振系统中的性能。首先，分析并联和串联连接惯容的频率响应。结果表明，通过使用串联连接的惯容可以引入一个与阻尼比无关的额外不变点。然后，进一步调整不变点，提出另外三个 IDVA，每个隔振器都包含一个弹簧、一个阻尼器和一个惯容。为了便于实际应用，我们用解析的方法推导 IDVA 在 H_∞ 优化和 H_2 优化中的最优参数。本章使用一种解析方法计算 IDVA 的 H_2 规范性能指标。此外，IDVA 与传统的 DVA 的 H_2 和 H_∞ 性能的比较显示出 IDVA 的优越性。IDVA 的两个特性使其比传统的 DVA 更具吸引力。首先，惯容可以在不显著增加整个系统物理质量的情况下轻松获得相对较大的惯容量[1]。然后，惯容是 IDVA 中的内置组件，因此无须在被隔振的物体上安装额外的质量块。

3.2　预 备 知 识

隔振是常见的振动控制类别之一。就振动源而言，通常会遇到两种情况。一种情况是保护对象不受振动环境的影响。例如，可以将设备安装在隔振器上，以保护其免受严重冲击或振动环境的影响。另一种情况是隔离振动源。例如，在运行过程中产生显著振动的机器可采用隔振器支撑，以使系统的其他部分或机器受到的影响较小[2]。

图 3.1 所示为一个单轴隔振系统，其中质量块 m 是要隔振的对象，质量块 m_f 是基础，$Q(s)$ 是要设计的隔振器。上面讨论的前一种情况可以描述为位移传递性问题，后一种情况可以描述为力传递性问题 [3]。在一些情况下，这两种问题必须同时处理 [4]。

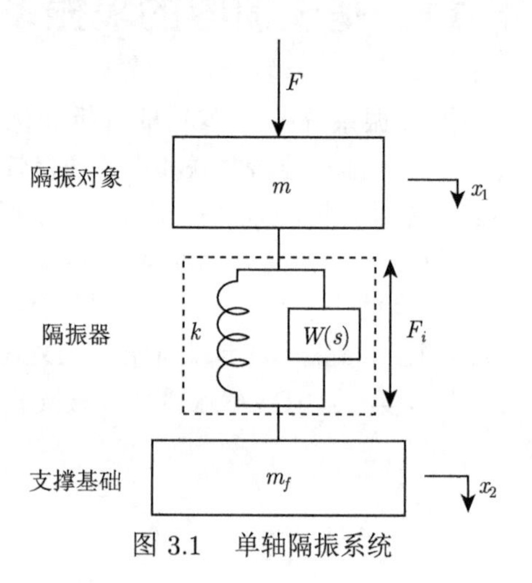

图 3.1　单轴隔振系统

对于具有谐波输入的位移传递问题，有

$$ms^2x_1 = Q(s)s(x_2 - x_1) \tag{3.1}$$

用 jω 替换拉普拉斯变量 s，则 x_2 到 x_1 的绝对传递率 μ_x 可以表示为

$$\mu_x = \frac{|\ x_1\ |}{|\ x_2\ |} = \frac{|\ Q(\mathrm{j}\omega)\mathrm{j}\omega\ |}{|\ Q(\mathrm{j}\omega)\mathrm{j}\omega - m\omega^2\ |} \tag{3.2}$$

其中，ω 为输入频率，并且 $F = 0$。

对于具有谐波输入的力的传递问题，令 F_f 表示从对象传递到基础的力，则有

$$F_f = Q(s)s(x_1 - x_2) \tag{3.3}$$

$$ms^2x_1 = F - F_f \tag{3.4}$$

$$m_f s^2 x_2 = F_f \tag{3.5}$$

用 jω 替换 s，则从 F 到 F_f 的绝对传递率可表示为

$$\mu_F = \frac{|\ F_f\ |}{|\ F\ |} = \frac{m_f}{m + m_f}\frac{|\ Q(\mathrm{j}\omega)\mathrm{j}\omega\ |}{|\ Q(\mathrm{j}\omega)\mathrm{j}\omega - m_{ef}\omega^2\ |} \tag{3.6}$$

其中， $F_i = F_f$； $m_{ef} = \dfrac{mm_f}{m+m_f}$。

比较式（3.2）和式（3.6），只有当 $m_f = \infty$ 时，$\mu_F = \mu_x$。这意味着，对于任何无源隔振器，只要基础质量远大于对象质量，力传递问题就等同于位移传递问题。

为简单，假设 $m_f = \infty$，将绝对位移传递率和绝对力传递率均视为

$$\mu = \frac{|F_i|}{|F|} = \frac{|x_1|}{|x_2|} = \frac{|Q(\mathrm{j}\omega)\mathrm{j}\omega|}{|Q(\mathrm{j}\omega)\mathrm{j}\omega - m\omega^2|} \tag{3.7}$$

其中，F 为施加在对象 m 上的力；F_i 为隔振器产生的力；x_1 和 x_2 为对象和基础的位移。

通过用 $\mathrm{j}\omega$ 替换 $Q(s)$ 中的拉普拉斯变量 s 可以获得 $Q(\mathrm{j}\omega)$。其中，$\mathrm{j}^2 = -1$；$Q(s)$ 为隔振器的导纳，即作用力 F_i 与相对速度 $(\dot{x}_1 - \dot{x}_2)$ 在拉普拉斯域中的比值。

如图 3.1 所示，$Q(s) = \dfrac{k}{s} + W(s)$，其中 $W(s)$ 表示由弹簧、阻尼器和惯容有限互连组成的无源机械网络的导纳。对于不包含惯容的传统隔振器，即 $W(s)$ 表示阻尼器，其传递率为

$$\mu = \frac{|k + \mathrm{j}c\omega|}{|k - m\omega^2 + \mathrm{j}c\omega|} = \sqrt{\frac{1 + (2\zeta q)^2}{(1-q^2)^2 + (2\zeta q)^2}} \tag{3.8}$$

其中，$q = \dfrac{\omega}{\omega_n}$，$\omega_n = \sqrt{\dfrac{k}{m}}$；$\zeta = \dfrac{c}{c_r}$，$c_r = 2\sqrt{mk}$。

不包含惯容的传统隔振器的传递率 μ 如图 3.2 所示，展示了与阻尼比 ξ 无关的不变点。H_∞ 优化旨在最小化频率响应的最大幅值，而 H_2 优化旨在最小化随机激励下对象的均方位移 [5]。

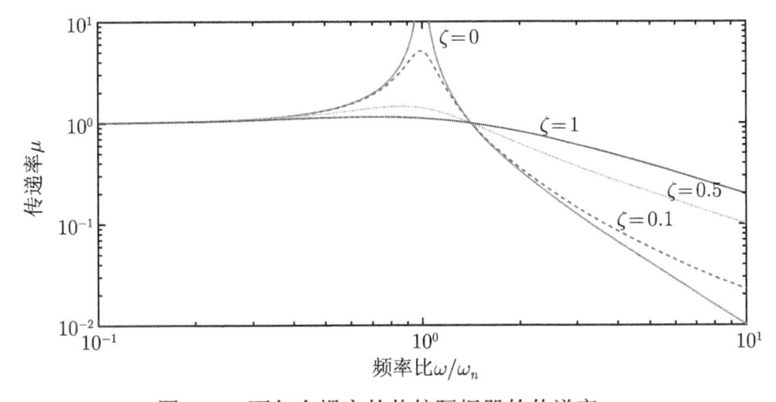

图 3.2 不包含惯容的传统隔振器的传递率 μ

本章研究图 3.3 和图 3.4 所示的五个 IDVA。它们的导纳如表 3.1 所示。

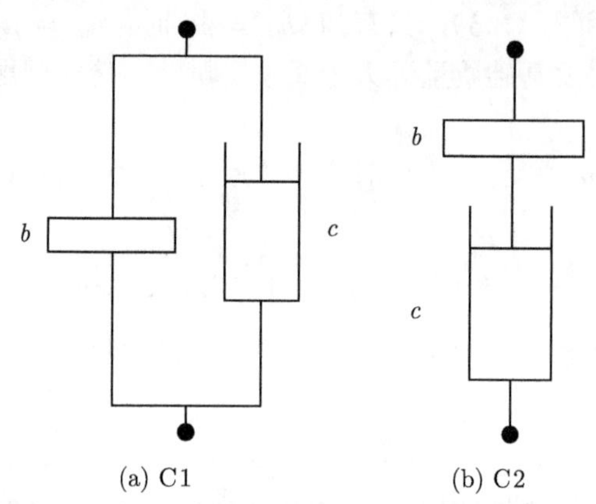

(a) C1　(b) C2

图 3.3　图 3.1 中隔振器的 $W(s)$ 的两种简单结构

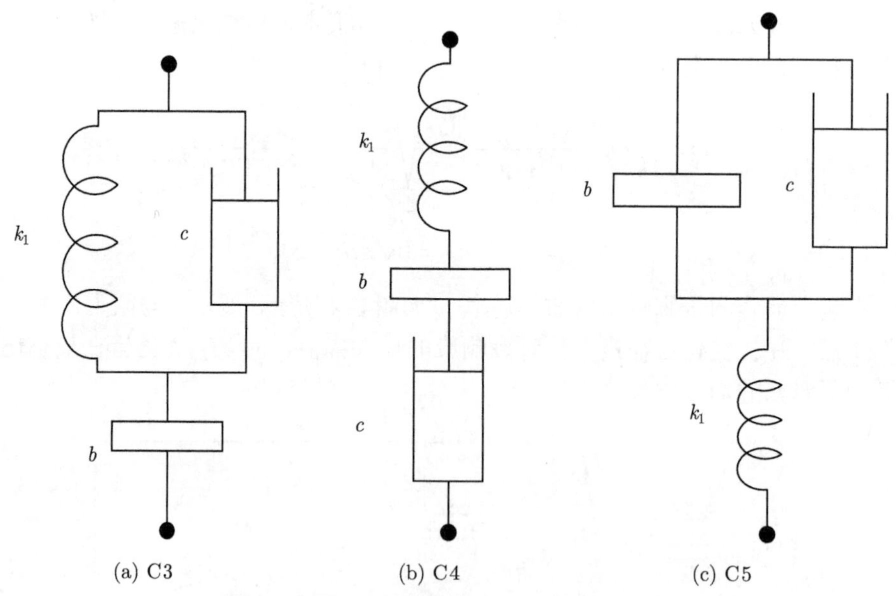

(a) C3　(b) C4　(c) C5

图 3.4　图 3.1 中隔振器 $W(s)$ 的三种结构

为了获得无量纲表达式，分别使用 $\omega_n = \sqrt{\dfrac{k}{m}}$ 和 $c_r = 2\omega_n m = 2\sqrt{mk}$ 表示图 3.1 中不包含 $W(s)$ 的隔振系统的固有频率和临界阻尼。令 $q = \dfrac{\omega}{\omega_n}$、$\zeta = \dfrac{c}{c_r}$、$\delta = \dfrac{b}{m}$ 和 $\lambda = \dfrac{k}{k_1}$ 分别表示频率比、阻尼比、惯容量质量比和刚度比。

对于图 3.3 和图 3.4 所示的结构，通过将 $Q_i(\mathrm{j}\omega)=\dfrac{k}{\mathrm{j}\omega}+W_i(\mathrm{j}\omega), i=1,2,\cdots,5$ 代入式（3.7）可获得传递率 μ，其中 $W_i(\mathrm{j}\omega)$ 是将表 3.1 中的 s 用 $\mathrm{j}\omega$ 替换得到的。

表 3.1 图 3.3 和图 3.4中结构 $W(s)$ 的表达式

结构	导纳函数
$W_1(s)$	$bs+c$
$W_2(s)$	$\dfrac{1}{\dfrac{1}{c}+\dfrac{1}{bs}}$
$W_3(s)$	$\dfrac{1}{\dfrac{1}{\dfrac{k_1}{s}+c}+\dfrac{1}{bs}}$
$W_4(s)$	$\dfrac{1}{\dfrac{s}{k_1}+\dfrac{1}{bs}+\dfrac{1}{c}}$
$W_5(s)$	$\dfrac{1}{\dfrac{1}{bs+c}+\dfrac{s}{k_1}}$

3.3 两个基于惯容的简单隔振器的振动分析

本节从振动的角度分析惯容的基本特性。惯容应用的重点是优化一些包含惯容的机械网络。该机械网络比仅由弹簧和阻尼器组成的常规网络具有更复杂的结构。我们可以使用网络综合法 [6–8] 或给定结构法 [9–15] 得到这类机械网络。尽管通过这些包含惯容的复杂机械网络可以有效地证明使用惯容的益处，但是由于结构的复杂性，惯容在振动中的一些基本特性被忽略了。因此，从振动的角度出发，我们缺乏对惯容的深入理解。文献 [16] 证明了惯容可以降低振动系统固有频率的特性，但是惯容对其他方面的影响（如频域的不变性①）仍不清楚。这是本节研究两个基于惯容的简单结构的原因（图 3.3）。

1. C1 分析

对于 C1 结构，传递率为（可以使用 MATLAB 进行符号运算，见附录）

$$\mu=\frac{|\,k-b\omega^2+\mathrm{j}c\omega\,|}{|\,k-(m+b)\omega^2+\mathrm{j}c\omega\,|}=\sqrt{\frac{(1-\delta q^2)^2+(2\zeta q)^2}{\left[1-(1+\delta)q^2\right]^2+(2\zeta q)^2}} \tag{3.9}$$

如图 3.5 所示，通过使用并联的惯容引入反谐振频率（获得最小幅值的特定频率）和不变点（幅值与阻尼比 ζ 无关的特定频率）。对于无阻尼情况，反谐振频率 $q_b=\sqrt{\dfrac{1}{\delta}}$，谐振频率或固有频率 $q_p=\sqrt{\dfrac{1}{1+\delta}}$。固有频率 q_p 是相对于 δ 的

① 不变性指抑制和消除扰动对系统的影响。

递减函数，这与文献 [16] 的结果一致。

式（3.9）中的传递率 μ 可改写为

$$\mu = \sqrt{\frac{A\zeta^2 + B}{C\zeta^2 + D}}$$

其中，$A = 4q^2$；$B = (1 - \delta q^2)^2$；$C = 4q^2$；$D = [1 - (1+\delta)q^2]^2$。

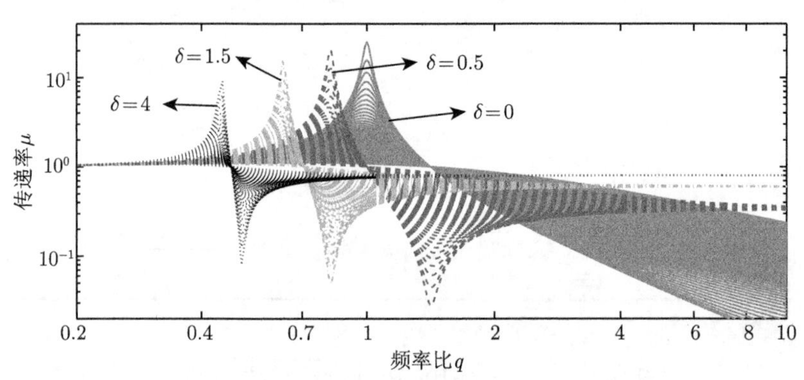

图 3.5　$0.02 \leqslant \zeta \leqslant 1.2$ 时结构 C1 的传递率 μ

为了找到与阻尼比无关的不变点，需要令

$$\frac{A\zeta_1^2 + B}{C\zeta_1^2 + D} = \frac{A\zeta_2^2 + B}{C\zeta_2^2 + D}$$

其中，$\zeta_1 \neq \zeta_2$。

因此，可得

$$\frac{A}{C} = \frac{B}{D}$$

即

$$\frac{(1 - \delta q^2)^2}{\left[1 - (1+\delta)q^2\right]^2} = 1$$

然后，获得的非零不变点 q_i 为

$$q_i = \sqrt{\frac{2}{1 + 2\delta}}$$

此时，$\mu = 1$，显然 q_i 是相对于 δ 的递减函数。这意味着，并联的惯容可以有效地将不变点向左移动。

图 3.6 描绘了当 $\delta = 1$ 且 ζ 取典型值时 C1 的传递率 μ，其中固有频率 q_p、反谐振频率 q_b 和无穷大频率处的幅值为

$$\mu|_{q=q_p} = \frac{1}{2}\sqrt{\frac{1}{\zeta^2(1+\delta)} + 4} \tag{3.10}$$

$$\mu|_{q=q_b} = 2\sqrt{\frac{1}{\dfrac{1}{\zeta^2\delta}+4}} \tag{3.11}$$

$$\mu|_{q\to\infty} = \frac{\delta}{1+\delta} \tag{3.12}$$

其中，$\mu|_{q=q_j}$ 为 $q=q_j$ 时的 μ 值；j 为 p、b 或 ∞。

从式（3.10）和式（3.11）可以看出，$\mu|_{q=q_p}$ 是相对于 δ 和 ζ 的递减函数，而 $\mu|_{q=q_b}$ 是相对于 δ 和 ζ 的递增函数（图 3.5）。从式（3.11）可以看出，在无阻尼的情况下，即 $c=0$ 或 $\zeta=0$ 时，$\mu|_{q=q_b}=0$。这时会发生振动的动态吸收效应，这在 SDOF 系统中并不常见 [4]。

式（3.12）表明，当 q 趋于 ∞ 时，传递率 μ 趋近于 $\dfrac{\delta}{1+\delta}$ 的水平线。对于给定的 δ，通过求解下列方程，即

$$\mu = \sqrt{\frac{(1-\delta q^2)^2+(2\zeta q)^2}{\left[1-(1+\delta)q^2\right]^2+(2\zeta q)^2}} = \frac{\delta}{1+\delta} \tag{3.13}$$

可得

$$q_\delta = \frac{\sqrt{2}}{2}\sqrt{\frac{1+2\delta}{\delta^2+\delta-2\zeta^2(1+2\delta)}} \tag{3.14}$$

当且仅当 $\zeta<\zeta_\delta=\sqrt{\dfrac{\delta^2+\delta}{2(1+2\delta)}}$ 时，q_δ 才是实数。由于当 q 趋于 ∞ 时，传递率 μ 趋于 $\dfrac{\delta}{1+\delta}$ 的水平渐近线，因此 ζ_δ 是 ζ 的临界值，即如果 $\zeta<\zeta_\delta$，则存在一个有限的 q 使 μ 存在最小值；否则，μ 一致大于 $\dfrac{\delta}{1+\delta}$，且当 q 趋于 ∞ 时，μ 接近 $\dfrac{\delta}{1+\delta}$。$\zeta=\zeta_\delta$ 的曲线如图 3.6 所示。

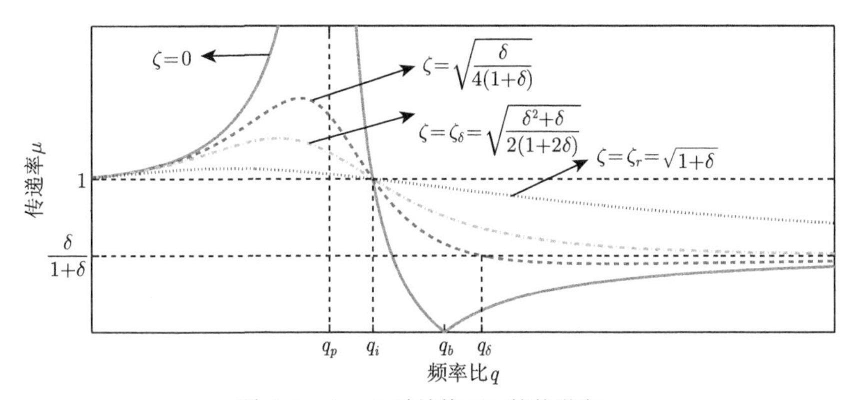

图 3.6 $\delta=1$ 时结构 C1 的传递率 μ

注意，q_p 和 q_b 分别是无阻尼情况下隔振系统的固有频率和反谐振频率。对于有阻尼情况，可以通过将式（3.9）对 q 的偏导数设置为零获得特定阻尼比 ζ 下的实数固有频率 q_{pr} 和反谐振频率 q_{br}。然后可得

$$q_{pr}=\sqrt{\frac{1+2\delta-\sqrt{1+8\zeta^2(1+2\delta)}}{2\left[\delta^2+\delta-2\zeta^2(1+2\delta)\right]}} \tag{3.15}$$

$$q_{br}=\sqrt{\frac{1+2\delta+\sqrt{1+8\zeta^2(1+2\delta)}}{2\left[\delta^2+\delta-2\zeta^2(1+2\delta)\right]}} \tag{3.16}$$

显然，如果 $\zeta\approx 0$，则 $q_{pr}\approx q_p$ 和 $q_{br}\approx q_b$ 成立，但对于 ζ 比较大的情况，该估计是不合理的。

总而言之，可以得到以下几点。

① 并联的惯容可有效降低不变点（频率），该不变点与阻尼比 ζ 无关。

② 固有频率的幅值相对于阻尼比和惯容量质量比而言是一个递减函数。反共振频率的幅值相对于阻尼比和惯容量质量比而言是递增函数。

③ 使用并联的惯容可以削弱高频的隔振，且当 q 趋于 ∞ 时，传递率幅值趋于 $\dfrac{\delta}{1+\delta}$。

2. C2 分析

对于 C2 结构，可获得的传递率为

$$\begin{aligned}\mu&=\frac{\left|\dfrac{kc}{b}-c\omega^2+k\mathrm{j}\omega\right|}{\left|\dfrac{kc}{b}-c\omega^2-\dfrac{mc}{b}\omega^2+(k-m\omega^2)\mathrm{j}\omega\right|}\\&=\sqrt{\frac{\delta^2q^2+4(1-\delta q^2)^2\zeta^2}{\delta^2(1-q^2)^2q^2+4\left[1-(1+\delta)q^2\right]^2\zeta^2}}\end{aligned} \tag{3.17}$$

可将式（3.17）重写为

$$\mu=\sqrt{\frac{A\zeta^2+B}{C\zeta^2+D}}$$

其中，$A=4(1-\delta q^2)^2$；$B=\delta^2q^2$；$C=4[1-(1+\delta)q^2]^2$；$D=\delta^2(1-q^2)^2q^2$。

可以用类似的方式获得与阻尼无关的不变点，令

$$\frac{A}{C}=\frac{B}{D}$$

即

$$\frac{1-\delta q^2}{1-(1+\delta)q^2}=\pm\frac{1}{1-q^2}$$

对于加号，通过简单的计算得出 $\delta q^4 = 0$，从而 $q = 0$，这是不重要的结果。对于减号，可得

$$\delta q^4 - 2(1+\delta)q^2 + 2 = 0$$

然后，可以得到两个非零不变点，即

$$q_{P,Q}^2 = 1 + \frac{1}{\delta} \pm \sqrt{1 + \frac{1}{\delta^2}} \tag{3.18}$$

令 $q_P < q_Q$，容易证明 $q_P^2 < 1$、$q_Q^2 > 2$，q_P 和 q_Q 都是相对于 δ 的递减函数。这表明，与并联的惯容类似，串联的惯容也可以有效地降低不变点（频率）。P 和 Q 处的幅值为

$$\mu|_{q=q_P} = \left|\frac{1}{1-q_P^2}\right|$$
$$\mu|_{q=q_Q} = \left|\frac{1}{1-q_Q^2}\right|$$

由于 $q_P^2 < 1$ 和 $q_Q^2 > 2$，可得

$$\mu|_{q=q_P} > 1 > \mu|_{q=q_Q} \tag{3.19}$$

这意味着，对于有限的 δ，不可能使两个不变点的纵坐标相等。

图 3.7 给出了结构 C1 和 C2 传递率的比较，其中，粗线代表 C2，细线代表 C1，粗虚线代表 $\zeta = 0$，细虚线代表 $\zeta = \zeta_\delta = 0.5774$，点划线代表 $\zeta = \zeta_r = \sqrt{1+\delta} = \sqrt{2}$，并且描绘结构 C2 的两个不变点 P 和 Q。结果表明，对于相同的阻尼比 δ，结构 C1 和 C2 的行为完全不同。例如，当 $\zeta = \zeta_r = \sqrt{2}$ 时（点划线），C1 为过阻尼，而 C2 的行为与 C1 的无阻尼情况相似。这是由 C2 的串联结构引起的。若将阻尼比 ζ 从 0 变为 ∞，结构 C2 从仅含弹簧的结构变为弹簧和惯容并联的结构。

总而言之，可以得到以下几点。

① 通过使用串联的惯容可以引入两个与阻尼比无关的不变点，并且这两个不变点（频率）都是随惯容量质量比递减的函数。

② 对于有限的惯容量质量比，较小不变点处的幅值大于 1，较大不变点处的幅值小于 1。

③ 串联结构 C2 的性能在仅具有弹簧的结构和弹簧惯容并联连接的结构中间。

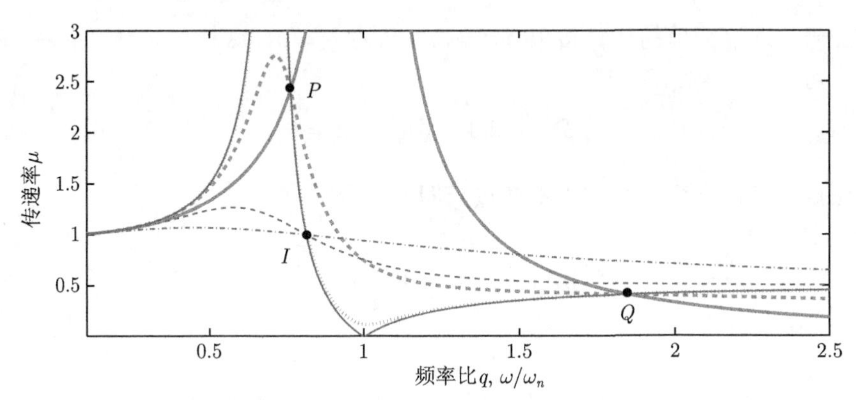

图 3.7　$\delta=1$ 时结构 C1 和 C2 的传递率比较

3.4　基于惯容的隔振器的 H_∞ 优化

为了获得良好的隔振性能，我们始终希望将对象在所有频率范围内的最大位移最小化，称为 H_∞ 优化 [17]。上述内容显示出不变点、谐振频率和反谐振频率直接由惯容量质量比 δ 确定。因此，本节将针对给定的 δ 提出 H_∞ 调整步骤。

对于图 3.3 中的结构 C1，在给定 δ 的情况下，H_∞ 优化中的最优阻尼为 ∞，这是一个简单的解决方案。在这种情况下，对象和基础是刚性连接的。对于具有给定惯容量质量比 δ 的结构 C2，H_∞ 优化的最优阻尼比 ζ 是使曲线水平通过不变点 P 时的阻尼值，如图 3.7 所示。其合理性基于不变点理论，最优的阻尼是使曲线水平通过最高不变点的阻尼。不变点 P 的幅值始终大于另一个不变点 Q 的幅值。基于此，可以按下式获得结构 C2 的最优阻尼比 ζ。

命题 3.1　对于具有给定 δ 的 C2 结构，H_∞ 优化中的最优阻尼比 ζ 为

$$\zeta_{\text{opt}}=\frac{1}{2}\sqrt{\delta\left(1+\delta-\sqrt{1+\delta^2}\right)} \tag{3.20}$$

证明　从图 3.7 可以看出，水平通过 P 的曲线表示最佳阻尼取值。令 $\mu=\sqrt{\dfrac{n}{m}}$，可以通过求解以下公式获得最佳阻尼，即

$$\left.\frac{\partial\mu^2}{\partial q^2}\right|_{q=q_P}=0 \tag{3.21}$$

其中，$n=\delta^2q^2+4(1-\delta q^2)^2\zeta^2$；$m=\delta^2(1-q^2)^2q^2+4[1-(1+\delta)q^2]^2\zeta^2$。

式（3.21）可以写为另一种形式，即

$$n'm-m'n=0$$

其中，$n' = \partial n/\partial q^2$；$m' = \partial m/\partial q^2$。

对于不变点 P，即

$$\frac{n}{m} = \frac{1}{(1-q^2)^2} = \frac{A}{C} = \frac{(1-\delta q^2)^2}{\left[1-(1+\delta)q^2\right]^2}$$

因此，有

$$(1-q^2)^2 n' - m' = 0$$

由于

$$n' = -8(1-\delta q^2)\delta\zeta^2 + \delta^2$$

$$m' = -8\left[1-(1+\delta)q^2\right](\delta+1)\zeta^2 + \delta^2(1-q^2)(1-3q^2)$$

把 q_P 代入式（3.18）可得

$$\zeta_{\text{opt}} = \frac{1}{2}\sqrt{\delta(1+\delta-\sqrt{1+\delta^2})}$$

注意，可以通过使用串联的惯容引入两个不变点，并且为了进一步调整这两个不变点，结构中并入一个额外的弹簧 k_1。然后，提出三个 IDVA（图 3.4），并采用不变点理论 [18] 得出这三种 IDVA 的最优参数。

不变点理论的步骤总结如下 [18]。

Step 1，对于给定的惯容量质量比 δ，找到与阻尼比 ζ 无关的不变点，并将两个较小的不变点表示为 P 和 Q。

Step 2，调整弹簧刚度比 λ，使不变点 P 和 Q 处的纵坐标相等。

Step 3，计算阻尼比 ζ_P 和 ζ_Q，使传递率 μ 相对于 q 的曲线分别水平穿过 P 和 Q。

Step 4，得到最优阻尼比为 $\zeta = \sqrt{\dfrac{\zeta_P^2 + \zeta_Q^2}{2}}$。

图 3.8 中给出了上述步骤的图形表示，指出每一步所需的输入参数和输出参数。根据该步骤，可以得出图 3.4 中每种结构的最优参数 λ 和 ζ。

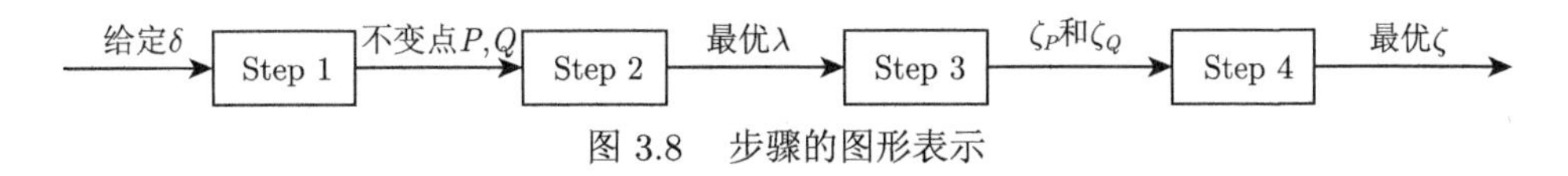

图 3.8 步骤的图形表示

不变点理论 [18] 实际上产生了次优但高度精确的解决方案，如文献 [19] 中的证明。定点理论的优点是可以轻松得出解析解，这使其广泛用于调整 DVA 或 TMD [17,20,21]。在使用步骤的不变点理论的意义上，本节得出的最优参数是最优的，但是在实践中是次优的。

命题 3.2 C3 结构的传递率为

$$\mu = \left| \frac{1-\delta(1+\lambda)q^2+2\mathrm{j}\lambda(1-\delta q^2)q\zeta}{1-(\delta+1+\delta\lambda)q^2+\delta\lambda q^4+2\mathrm{j}\lambda\left[1-(1+\delta)q^2\right]q\zeta} \right| \tag{3.22}$$

C3 结构有三个不变点，分别表示为 P、Q 和 R（$q_P < q_Q < q_R$）。最大不变点 R 可以推导为

$$q_R^2 = \frac{1}{\delta} + \frac{3}{2} + \sqrt{\left(\frac{1}{\delta} - \frac{3}{2}\right)^2 + \frac{4}{\delta}} \tag{3.23}$$

它具有相对较大的值（$q_R^2 \geqslant 3$）。最优刚度比 λ 可以通过以下方式获得，即

$$\lambda = \frac{2\left[q_R^4\delta(1+\delta)-(1+2\delta)q_R^2+1\right]}{\delta q_R^2\left[q_R^4\delta-2(\delta+1)q_R^2+2\right]} \text{ 或 } \lambda = \frac{2\left[(1+2\delta)(1+\delta)q_R^2-2(1+\delta)\right]}{q_R^2\left[\delta(1+2\delta)q_R^2-2(1+2\delta+2\delta^2)\right]} \tag{3.24}$$

获得的最优阻尼比 ζ 为

$$\zeta = \sqrt{\frac{\zeta_P^2+\zeta_Q^2}{2}} \tag{3.25}$$

其中

$$\zeta_{P,Q}^2 = \left[\frac{1-\delta(1+\lambda)q_{P,Q}^2}{1-\delta q_{P,Q}^2}\right]\left\{\frac{\delta(1+\lambda)\left[2-(1+2\delta)q_{P,Q}^2\right]-(2\delta\lambda q_{P,Q}^2-1)(1-\delta q_{P,Q}^2)}{4\lambda^2 q_{P,Q}^2}\right\} \tag{3.26}$$

q_P^2 和 q_Q^2 是以下关于 q^2 的二次函数的解

$$q^4 - \left[\frac{2}{\delta\lambda}(1+\lambda+\delta+\lambda\delta) - q_R^2\right]q^2 + \frac{2}{\delta^2\lambda q_R^2} = 0 \tag{3.27}$$

证明 令

$$\begin{aligned} A &= 4\lambda^2(1-\delta q^2)^2 q^2 \\ B &= \left[1-\delta(1+\lambda)q^2\right]^2 \\ C &= 4\lambda^2\left[1-(1+\delta)q^2\right]^2 q^2 \\ D &= \left[1-(\delta+1+\delta\lambda)q^2+\delta\lambda q^4\right]^2 \end{aligned}$$

则式（3.22）中的 μ 可以重写为

$$\mu = \sqrt{\frac{A\zeta^2+B}{C\zeta^2+D}} \tag{3.28}$$

为了找到与阻尼无关的不变点，要求

$$\frac{A}{C}=\frac{B}{D}$$

即

$$\frac{1-\delta q^2}{1-(1+\delta)q^2}=\pm\frac{1-\delta(1+\lambda)q^2}{1-(\delta+1+\delta\lambda)q^2+\delta\lambda q^4}$$

在加号的情况下，交叉相乘可以得到 $\delta^2\lambda q^6=0$，其解为 $q=0$。在减号的情况下，简单计算可得

$$\delta^2\lambda q^6-2\delta(\lambda+\delta+1+\delta\lambda)q^4+2(2\delta+1+\delta\lambda)q^2-2=0 \tag{3.29}$$

它是 q^2 的三次方。因此，结构 C3 有三个不变点。

令三个不变点分别为 P、Q 和 R（$q_P<q_Q<q_R$），可得

$$q_P^2+q_Q^2+q_R^2=\frac{2}{\delta\lambda}(\lambda+\delta+1+\lambda\delta) \tag{3.30}$$

$$q_P^2q_Q^2q_R^2=\frac{2}{\delta^2\lambda} \tag{3.31}$$

$$q_P^2q_Q^2+q_P^2q_R^2+q_Q^2q_R^2=\frac{2}{\delta^2\lambda}(2\delta+1+\delta\lambda) \tag{3.32}$$

在不变点 P 和 Q 处，μ 的值与 ζ 无关。当 $\zeta=\infty$ 时，$\mu=\dfrac{A}{C}$。此时，可得

$$\left|\frac{1-\delta q_P^2}{1-(1+\delta)q_P^2}\right|=\left|\frac{1-\delta q_Q^2}{1-(1+\delta)q_Q^2}\right|$$

进而可得

$$\frac{1-\delta q_P^2}{1-(1+\delta)q_P^2}>0$$

$$\frac{1-\delta q_Q^2}{1-(1+\delta)q_Q^2}<0$$

然后可得

$$\frac{1-\delta q_P^2}{1-(1+\delta)q_P^2}=-\frac{1-\delta q_Q^2}{1-(1+\delta)q_Q^2}$$

经过交叉相乘和简单的计算可得

$$2\delta(1+\delta)q_P^2q_Q^2-(q_P^2+q_Q^2)(1+2\delta)+2=0 \tag{3.33}$$

把式（3.30）和式（3.31）代入式（3.33），可以得到关于 q_R^2 的四次方程，即

$$\delta\lambda(1+2\delta)q_R^4-2(\lambda+2\delta\lambda+3\delta+2\delta^2+1+2\lambda\delta^2)q_R^2+4(1+\delta)=0 \tag{3.34}$$

对于相同的 δ 和 λ，q_R 是式（3.29）和式（3.34）的相同解。从式（3.29）和式（3.34）中求解 λ，可得

$$\lambda=\frac{2\left[q_R^4\delta(1+\delta)-(1+2\delta)q_R^2+1\right]}{\delta q_R^2\left[q_R^4\delta-2(\delta+1)q_R^2+2\right]} \tag{3.35}$$

$$\lambda=\frac{2\left[(1+2\delta)(1+\delta)q_R^2-2(1+\delta)\right]}{q_R^2\left[\delta(1+2\delta)q_R^2-2(1+2\delta+2\delta^2)\right]} \tag{3.36}$$

令解相等并简化可得

$$\delta q_R^4-(2+3\delta)q_R^2+2=0 \tag{3.37}$$

然后，可以得到 q_R^2。从式（3.23）很容易看出 $q_R^2\geqslant 3$，其比固有频率大得多。这是在 C3 的 H_∞ 调谐中只考虑不变点 P 和 Q 的原因。同样，把式（3.23）中的 q_R^2 代入式（3.35）或式（3.36）可以得到最优的 λ。通过求解以下方程可以获得全部的三个不变点，即

$$q^4-\left[\frac{2}{\delta\lambda}(1+\lambda+\delta+\lambda\delta)-q_R^2\right]q^2+\frac{2}{\delta^2\lambda q_R^2}=0$$

这是从式（3.30）和式（3.31）得到的。计算最优阻尼比 ζ 的步骤和附录中的步骤相似，其中最优 ζ 使得不变点 P 和 Q 处的梯度为 0。经过计算与简化后可以得到式（3.26）。对 ζ_P^2 和 ζ_Q^2 求平均值可以得到式（3.25）中的最优 ζ_{opt}。

C3 结构的 H_∞ 调整步骤如下。

Step 1，从式（3.23）获得 q_R。

Step 2，通过将 q_R 代入式（3.24）获得 λ_{opt}。

Step 3，通过求解式（3.27）获得 q_P 和 q_Q。

Step 4，分别将 q_P 和 q_Q 代入式（3.26），获得 ζ_p^2 和 ζ_Q^2。

Step 5，从式（3.25）获得最优的 ζ_{opt}。

文献 [14] 也按照文献 [18] 中给出的步骤对结构 C3 进行了类似的调整。本章的方法与文献 [14] 的方法的主要区别在于计算最优参数 λ 和 ζ 的方法不同。本章给出最优 λ 和 ζ 的解析解，即式（3.23）、式（3.24）和式（3.26）。文献 [14] 中的最优 λ 和 ζ 依赖数值迭代获得。因此，本章中的方法更加方便和可靠。

$\delta=0.2$ 时，C3 结构的传递率 μ 如图 3.9 所示。

命题 3.3　C4 结构的传递率为

$$\mu=\left|\frac{2\left[1-\delta(1+\lambda)q^2\right]\zeta+\mathrm{j}\delta q}{2\left[\delta\lambda q^4-(1+\delta+\delta\lambda)q^2+1\right]\zeta+\mathrm{j}\delta(1-q^2)q}\right| \tag{3.38}$$

按照不变点理论的步骤，可获得最优刚度比 λ，即

$$\lambda = \frac{1}{\delta} \tag{3.39}$$

进而获得最优阻尼比 ζ，即

$$\zeta_{\text{opt}} = \sqrt{\frac{\zeta_P^2 + \zeta_Q^2}{2}} \tag{3.40}$$

其中

$$\zeta_P^2 = \frac{\delta^2\left[1 - \sqrt{\delta/(2+\delta)}\right]}{4\left[(1+\delta)\sqrt{\delta/(2+\delta)} - \delta\right]\left[(\delta+3)\sqrt{\delta/(2+\delta)} + \delta\right]} \tag{3.41}$$

$$\zeta_Q^2 = \frac{\delta^2\left(1 + \sqrt{\delta/(2+\delta)}\right)}{4\left[(1+\delta)\sqrt{\delta/(2+\delta)} + \delta\right]\left[(\delta+3)\sqrt{\delta/(2+\delta)} - \delta\right]} \tag{3.42}$$

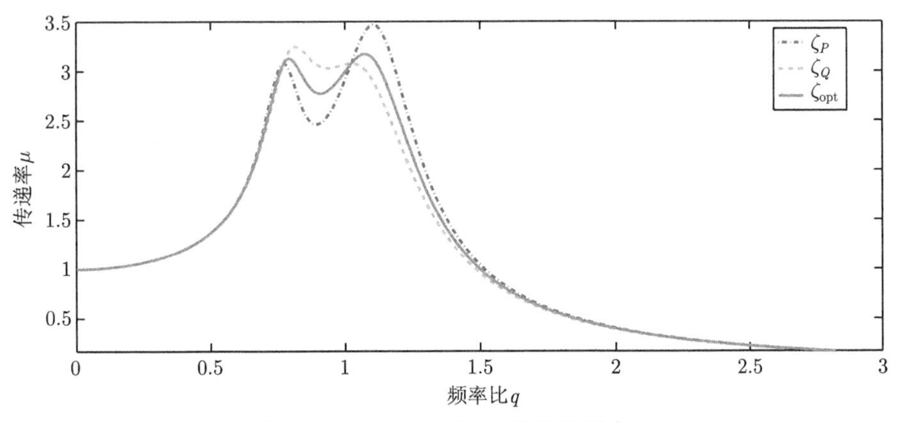

图 3.9 $\delta = 0.2$ 时 C3 结构的传递率 μ

证明 令

$$A = 4\left[1 - \delta(1+\lambda)q^2\right]^2$$
$$B = \delta^2 q^2$$
$$C = 4\left[1 - (1+\delta+\delta\lambda)q^2 + \delta\lambda q^4\right]^2$$
$$D = \delta^2(1-q^2)^2 q^2$$

式（3.38）中的 μ 可以重写为

$$\mu = \sqrt{\frac{A\zeta^2 + B}{C\zeta^2 + D}} \tag{3.43}$$

为了找到与阻尼无关的不变点，要求

$$\frac{A}{C} = \frac{B}{D}$$

即

$$\frac{1 - \delta(1+\lambda)q^2}{1 - (1+\delta+\delta\lambda)q^2 + \delta\lambda q^4} = \pm\frac{1}{1-q^2}$$

在加号的情况下可以得到简单解 0，在减号的情况下可得

$$\delta(1+2\lambda)q^4 - 2(1+\delta+\delta\lambda)q^2 + 2 = 0 \tag{3.44}$$

然后得到两个不变点 P 和 Q（$q_P < q_Q$），即

$$q_{P,Q}^2 = \frac{1+\delta+\delta\lambda \pm \sqrt{(1+\delta+\delta\lambda)^2 - 2\delta(1+2\lambda)}}{\delta(1+2\lambda)} \tag{3.45}$$

令不变点 P 和 Q 处的纵坐标相等，有

$$\left|\frac{1}{1-q_P^2}\right| = \left|\frac{1}{1-q_Q^2}\right|$$

检查可得 $\dfrac{1}{1-q_P^2} > 0$ 且 $\dfrac{1}{1-q_Q^2} < 0$。然后，可得

$$\frac{1}{1-q_P^2} = -\frac{1}{1-q_Q^2}$$

经过交叉相乘和化简后有

$$q_P^2 + q_Q^2 = 2 \tag{3.46}$$

考虑式（3.44），有

$$\frac{2(1+\delta+\delta\lambda)}{\delta(1+2\lambda)} = 2$$

可以得到式（3.39）。

令 μ 在不变点 P 和 Q 处的梯度为零，可以得到最优 ζ。经过计算和化简可得

$$\zeta_{P,Q}^2 = \frac{q_{P,Q}^2\delta^2}{4\left[1-\delta(1+\lambda)q_{P,Q}^2\right]\left[1+2\delta+2\delta\lambda-\delta(1+3\lambda)q_{P,Q}^2\right]}$$

替换式（3.45）和式（3.39）可以得到式（3.41）和式（3.42）。

对 ζ_P^2 和 ζ_Q^2 求平均值可得式（3.40）中的最优 ζ_{opt}。

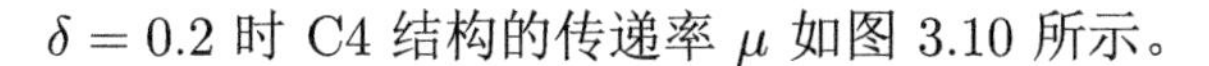

$\delta = 0.2$ 时 C4 结构的传递率 μ 如图 3.10 所示。

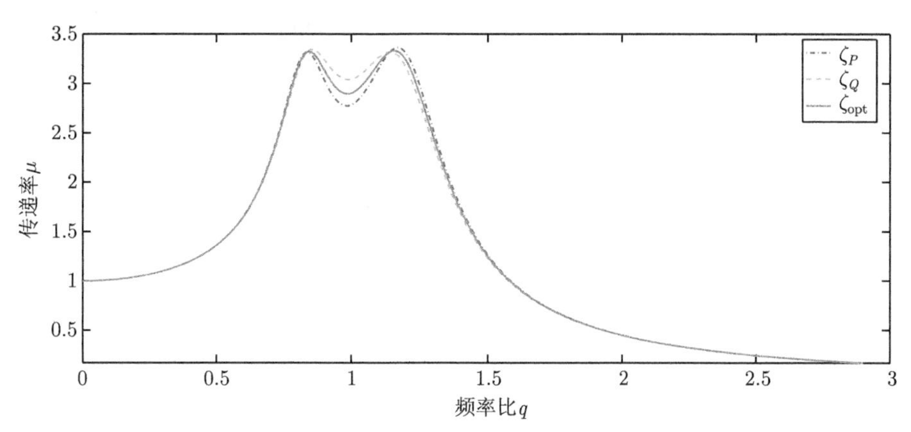

图 3.10 $\delta = 0.2$ 时 C4 结构的传递率 μ

命题 3.4 C5 结构的传递率为

$$\mu = \left| \frac{1 - \delta(1+\lambda)q^2 + \mathrm{j}2(\lambda+1)\zeta q}{1 - (1+\delta+\delta\lambda)q^2 + \delta\lambda q^4 + \mathrm{j}2\zeta(\lambda+1-\lambda q^2)q} \right| \tag{3.47}$$

按照不变点理论的步骤，可获得最优刚度比 λ，即

$$\lambda = \frac{1}{2\delta}\left(1 - 2\delta + \sqrt{1-2\delta}\right) \tag{3.48}$$

要求 $\delta < 1/2$，可获得最优阻尼比 ζ，即

$$\zeta_{\text{opt}} = \sqrt{\frac{\zeta_P^2 + \zeta_Q^2}{2}} \tag{3.49}$$

其中

$$\zeta_{P,Q}^2 = \frac{\left[1 - \delta(1+\lambda)q_{P,Q}^2\right]\left(1 + 2\delta + 2\delta\lambda - 3\delta\lambda q_{P,Q}^2\right)}{4(\lambda+1)\lambda q_{P,Q}^2} \tag{3.50}$$

$$q_{P,Q}^2 = \frac{1}{4\delta\lambda(\lambda+1)}\left\{1 + 2\lambda + 2\delta(1+\lambda)^2 \pm \sqrt{\left[2\delta(1+\lambda)^2 + 1 - 2\lambda\right]^2 + 8\lambda}\right\} \tag{3.51}$$

这里 $q_P < q_Q$。

证明 令

$$A = 4(\lambda+1)^2 q^2$$
$$B = \left[1 - \delta(1+\lambda)q^2\right]^2$$

$$C = 4(\lambda + 1 - \lambda q^2)^2 q^2$$

$$D = \left[1 - (1 + \delta + \delta\lambda)q^2 + \lambda\delta q^4\right]^2$$

则式（3.47）中的 μ 可以重写为

$$\mu = \sqrt{\frac{A\zeta^2 + B}{C\zeta^2 + D}} \tag{3.52}$$

为了找到与阻尼无关的不变点，要求

$$\frac{A}{C} = \frac{B}{D}$$

即

$$\frac{\lambda + 1}{\lambda + 1 - \lambda q^2} = \pm \frac{1 - \delta(1 + \lambda)q^2}{1 - (1 + \delta + \delta\lambda)q^2 + \delta\lambda q^4}$$

在加号的情况下可以得到简单解为零，在减号的情况下可得

$$2\delta\lambda(\lambda + 1)q^4 - \left[1 + 2\lambda + 2\delta(1 + \lambda)^2\right] q^2 + 2(\lambda + 1) = 0 \tag{3.53}$$

接着可得式（3.51）中的不变点 P 和 Q（$q_P < q_Q$）。令不变点 P 和 Q 处的纵坐标相等，可得

$$\left|\frac{\lambda + 1}{\lambda + 1 - \lambda q_P^2}\right| = \left|\frac{\lambda + 1}{\lambda + 1 - \lambda q_Q^2}\right|$$

检查可得 $\dfrac{\lambda + 1}{\lambda + 1 - \lambda q_P^2} > 0$ 且 $\dfrac{\lambda + 1}{\lambda + 1 - \lambda q_Q^2} < 0$。然后，有

$$\frac{\lambda + 1}{\lambda + 1 - \lambda q_P^2} = -\frac{\lambda + 1}{\lambda + 1 - \lambda q_Q^2}$$

经过交叉相乘和化简后可得

$$q_P^2 + q_Q^2 = \frac{2(\lambda + 1)}{\lambda}$$

与式（3.53）比较可得

$$\frac{1 + 2\lambda + 2\delta(1 + \lambda)^2}{2\delta\lambda(\lambda + 1)} = \frac{2(\lambda + 1)}{\lambda}$$

使得

$$2\delta\lambda^2 - 2(1 - 2\delta)\lambda + 2\delta - 1 = 0$$

此方程只有在下列条件下才有实数解，即

$$\delta \leqslant 1/2$$

由此可以得到式（3.48）中的最优 λ。

如果 $\delta = \dfrac{1}{2}$，从式（3.48）可以得到 $\lambda = 0$ 或 $k = \infty$。此时，C5 简化为 C1，因此更理想的假设是 $\delta < \dfrac{1}{2}$ 而不是 $\delta \leqslant \dfrac{1}{2}$。类似地，通过使 μ 在不变点 P 和 Q 处的梯度为零可以得到最优 ζ。经过计算和化简后可以得到式（3.50）中的 ζ_P^2 和 ζ_Q^2。对 ζ_p^2 和 ζ_Q^2 求平均值可以得到式（3.49）中的最优 ζ_{opt}。

当 $\delta = 0.2$ 时，C5 结构的传递率 μ 如图 3.11 所示。

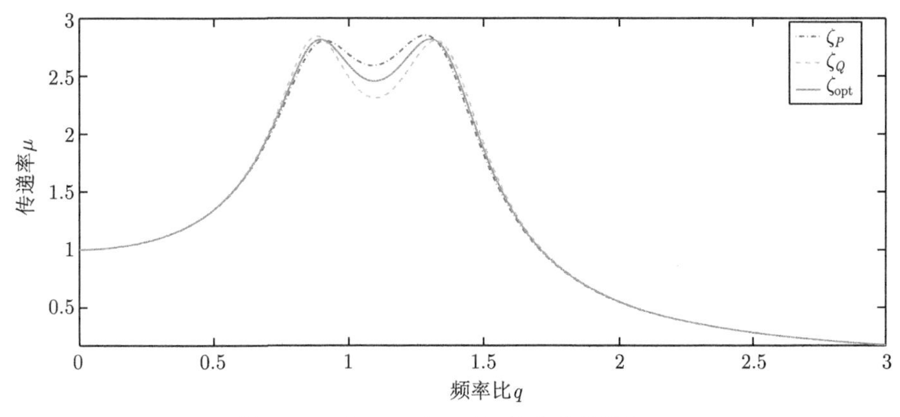

图 3.11　$\delta = 0.2$ 时，C5 结构的传递率 μ

上面推导了 H_∞ 优化中这些 IDVA 的最优参数。下面对 IDVA 与传统的 DVA 进行比较。

如图 3.12 所示，对于传统的 DVA，有

$$m_a s^2 x_a = (k_a + c_a s)(x_1 - x_a) \tag{3.54}$$

$$m s^2 x_1 = k(x_2 - x_1) - (k_a + c_a s)(x_1 - x_a) \tag{3.55}$$

从而得到传递率，即

$$\mu = \frac{|\,x_1\,|}{|\,x_2\,|} = \left| \frac{1 - \delta\lambda q^2 + 2\mathrm{j}\zeta\lambda q}{1 - (1 + \delta + \delta\lambda)q^2 + \lambda\delta q^4 + 2\mathrm{j}\zeta\lambda\left[1 - (1+\delta)q^2\right]q} \right| \tag{3.56}$$

可重写为

$$\mu = \sqrt{\frac{A\zeta^2 + B}{C\zeta^2 + D}}$$

其中，$A=4\lambda^2q^2$；$B=(1-\delta\lambda q^2)^2$；$C=4\lambda^2\left(1-(1+\delta)q^2\right)^2q^2$；$D=(1-(1+\delta+\delta\lambda)q^2+\delta\lambda q^4)^2$；质量比 δ 和刚度比 λ 定义为 $\delta=\dfrac{m_a}{m}$ 和 $\lambda=\dfrac{k}{k_a}$。

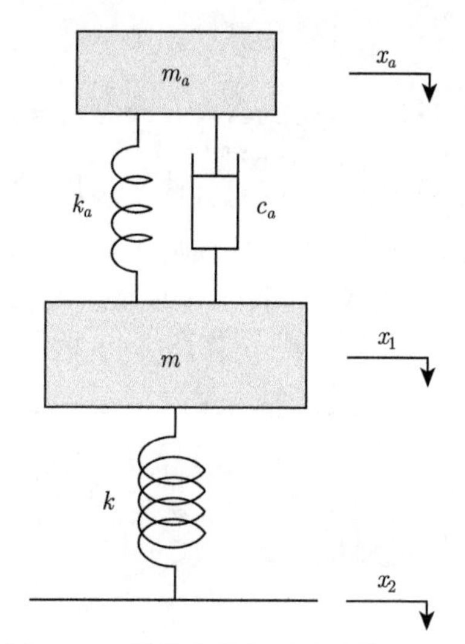

图 3.12　附着在隔振对象上的 DVA

众所周知，传统 DVA 的最优参数 [17,20,21] 为

$$\lambda_{\text{opt}}=\frac{(\delta+1)^2}{\delta}$$

$$\zeta_{\text{opt}}=\frac{\delta}{1+\delta}\sqrt{\frac{3\delta}{8(1+\delta)}}$$

图 3.13 显示了当惯容量质量比（或传统 DVA 的质量比） $\delta=0.2$ 时，传

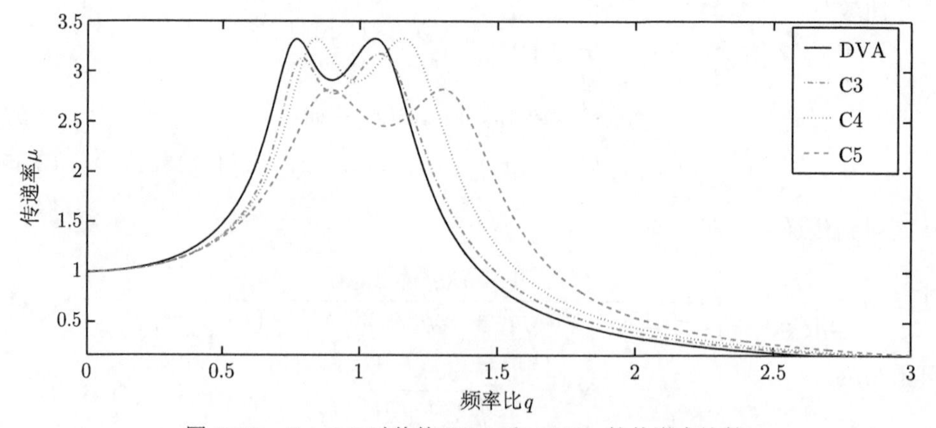

图 3.13　$\delta=0.2$ 时传统 DVA 和 IDVA 的传递率比较

统 DVA 与 IDVA 的传递率之间的比较。对于相同的 δ，结构 C4 提供了与传统 DVA 相当的性能，而结构 C3 和 C5 的性能均优于传统 DVA 。图 3.14 证实了这种结果，显示了相对于不同 δ 的最大 μ 的比较。最优刚度比 λ 和最优阻尼比 ζ 相对于不同 δ 值的比较如图 3.15 所示。

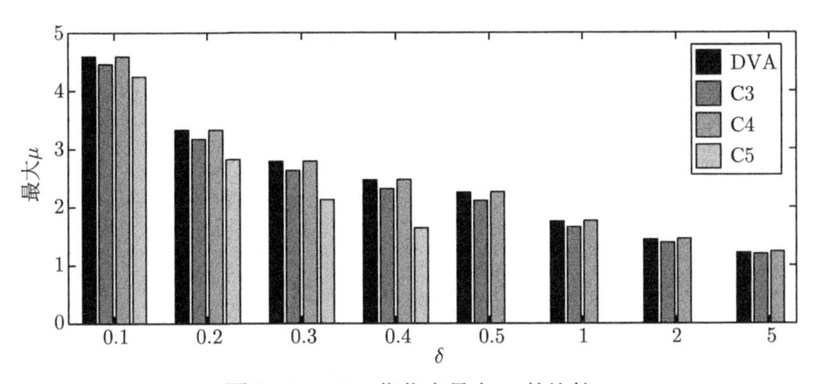

图 3.14 H_∞ 优化中最大 μ 的比较

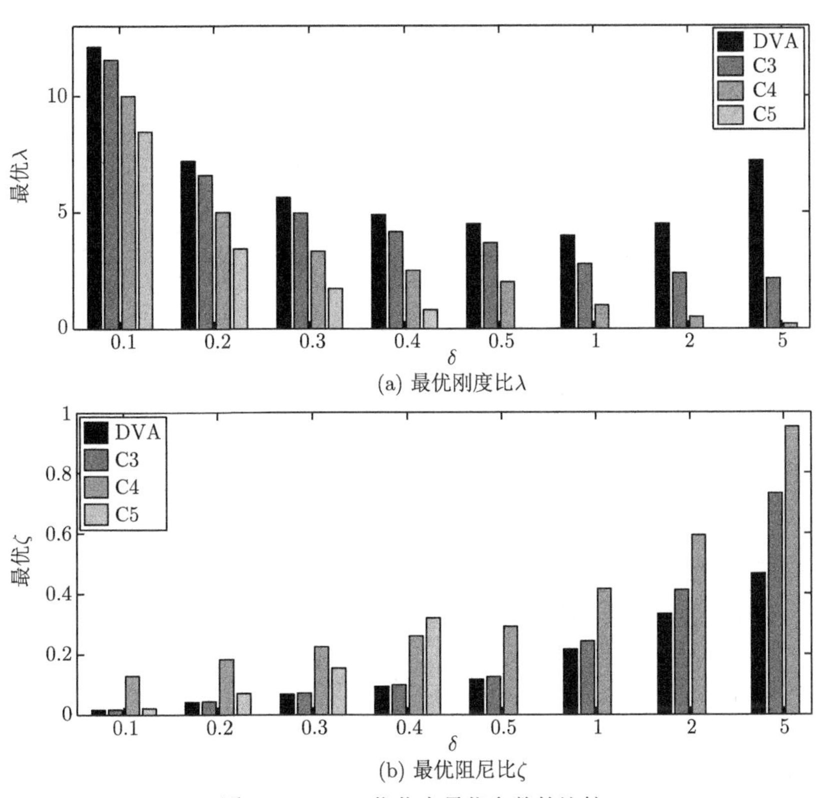

图 3.15 H_∞ 优化中最优参数的比较

传统 DVA 与 IDVA 之间的根本区别在于，IDVA 的惯容量质量比可以很容易地大于传统 DVA 的质量比，因为惯容可以轻松获得大惯容量而不会增加整个系统的物理质量。例如，可以通过增大齿轮比放大齿轮齿条式惯容或滚轴丝杠式惯容的惯容量 [1,22]。但是，传统 DVA 的质量比 δ 实际上小于 0.25 [17,23]。从这个角度来看，与传统的 DVA 相比，IDVA 的性能可以得到进一步提高，并且 IDVA 比传统的 DVA 更具吸引力。

3.5　基于惯容的隔振器的 H_2 优化

H_2 优化的目的是在实施白噪声激励时将物体的总振动能量或均方运动降至最低 [5]。在随机激励（例如风荷载）而非谐波激励的情况下，H_2 优化比 H_∞ 优化更实用。本节将推导 H_2 优化中 IDVA 的解析解，并将其与传统 DVA 比较。

H_2 优化中要最小化的性能指标定义如下 [5,21]，即

$$I=\frac{E\left(x_1^2\right)}{2\pi S_0\omega_n} \tag{3.57}$$

其中，S_0 为均匀功率谱密度函数。

令 $\mu=|H(\mathrm{j}q)|$，质量的 m 目标的位移 x_1 的均方值为

$$E\left(x_1^2\right)=S_0\int_{-\infty}^{\infty}|H(\mathrm{j}q)|^2\,\mathrm{d}\omega=S_0\omega_n\int_{-\infty}^{\infty}|H(\mathrm{j}q)|^2\,\mathrm{d}q \tag{3.58}$$

将式（3.58）代入式（3.57），可得

$$I=\frac{1}{2\pi}\int_{-\infty}^{\infty}|H(\mathrm{j}q)|^2\,\mathrm{d}q \tag{3.59}$$

用拉普拉斯变量 s 替换 $H(\mathrm{j}q)$ 中的 $\mathrm{j}q$，结果恰好是传递函数 $\hat{H}(s)$ 的 H_2 范数。

因此，H_2 性能指标可以写为

$$I=\left\|\hat{H}(s)\right\|_2^2 \tag{3.60}$$

接下来，根据文献 [24] 提出一种解析方法来计算传递函数 $\hat{H}(s)$ 的 H_2 范数。该方法已在文献 [11]，[12] 中用于推导车辆悬架的解析解。

对于稳定的传递函数 $\hat{H}(s)$，其 H_2 范数可按下式计算，即

$$\|\hat{H}(s)\|_2^2=\|C(sI-A)^{-1}B\|_2^2=CLC^{\mathrm{T}}$$

其中，$\hat{H}(s)=C(sI-A)^{-1}B$；A、B、C 为最小状态空间实现；L 为李雅普诺夫方程的唯一解，即

$$AL+LA^{\mathrm{T}}+BB^{\mathrm{T}}=0 \tag{3.61}$$

我们可以把 $\hat{H}(s)$ 写为

$$\hat{H}(s)=\frac{b_{n-1}s^{n-1}+\cdots+b_1s+b_0}{s^n+a_{n-1}s^{n-1}+\cdots+a_1s+a_0}$$

以下是它的可控规范形式，即

$$\dot{x}=Ax+Bu$$

$$y=Cx$$

其中

$$A=\begin{bmatrix}0 & 1 & 0 & \dots & 0\\ 0 & 0 & 1 & \dots & 0\\ \vdots & \vdots & \vdots & & \vdots\\ 0 & 0 & 0 & \dots & 1\\ -a_0 & -a_1 & -a_2 & \dots & -a_{n-1}\end{bmatrix}$$

$$B=\begin{bmatrix}0\\0\\ \vdots\\0\\1\end{bmatrix}$$

$$C=[b_0\ \ b_1\ \ b_2\ \ \cdots\ \ b_{n-1}]$$

结构 C1 的解析解不能使用上述方法来推导，因为 C1 的 $\hat{H}(s)$ 并不是严格正则的。实际上，结构 C1 的 $\hat{H}(s)$ 的 H_2 范数是无穷大，可以通过观察图 3.6 得到，即 C1 频率响应曲线下的面积代表其传递函数的 H_2 范数，曲线下的面积为无穷大。

推导结构 C2、C3、C4 和 C5 的最优参数的步骤如下。

Step 1，计算 H_2 性能指标 I。将性能指标表示为 $I=F(\lambda)\zeta+\dfrac{G(\lambda)}{\zeta}$，其中 $F(\lambda)$ 和 $G(\lambda)$ 为 λ 的函数，$F(\lambda)>0$，$G(\lambda)>0$。

Step 2，分别求出最优 ζ 和 I 的方程为 $\zeta_{\rm opt}=\sqrt{\dfrac{G(\lambda)}{F(\lambda)}}$ 和 $I_{\rm opt}=2\sqrt{F(\lambda)G(\lambda)}$。

Step 3，最小化 $F(\lambda)G(\lambda)$ 得到最优 λ，记为 $\lambda_{\rm opt}$。

Step 4，将 $\lambda_{\rm opt}$ 分别代入 Step 2 获得的方程式中，得到最优的 ζ 和 I。

Step 1 包括 $F(\lambda)$ 和 $G(\lambda)$ 相对于 λ 为常数的情况。随后可以推导出 H_2 优化中 C2、C3、C4 和 C5 结构的最优参数。

命题 3.5　对于结构 C2，式（3.59）中 H_2 性能指标为

$$I_{C2} = \frac{1-\delta+\delta^2}{\delta^2}\zeta + \frac{1}{4\zeta} \tag{3.62}$$

对于给定的 δ，最优 ζ 为

$$\zeta_{opt} = \frac{\delta}{2\sqrt{1-\delta+\delta^2}}$$

将 ζ_{opt} 代入式（3.62），最优 I_{C2} 为

$$I_{C2,opt} = \frac{\sqrt{1-\delta+\delta^2}}{\delta}$$

证明　可以通过计算得到式（3.62），然后得到最优的 ζ 和 $I_{C2,opt}$。

命题 3.6　对于结构 C3，式（3.59）中的 H_2 性能指标为

$$I_{C3} = \frac{1-\delta+\delta^2}{\delta^2}\zeta + \frac{1-2\delta\lambda+\delta^2\lambda^2+\delta^2\lambda}{4\lambda^2\delta^2\zeta} \tag{3.63}$$

对于给定的 δ，最优 λ 为

$$\lambda_{opt} = \begin{cases} \dfrac{2}{\delta(2-\delta)}, & \delta < 2 \\ \infty, & \delta \geqslant 2 \end{cases}$$

在 $\delta \geqslant 2$ 的情况下，C3 简化为 C2。对于给定的 δ 和 λ，可以得到最优 ζ，即

$$\zeta_{opt} = \frac{1}{2\lambda}\sqrt{\frac{1-2\delta\lambda+\delta^2\lambda+\delta^2\lambda^2}{1-\delta+\delta^2}}$$

然后，将 ζ_{opt} 和 λ_{opt} 代入式（3.63），得到最优 I_{C3}。

证明　式（3.63）可以通过直接计算获得。最优 λ 可以通过检查式（3.63）中的第二部分获得（对第二部分的 λ 求偏导进行分析，求出使式（3.63）中第二部分最小的 λ 值）。由于式（3.63）中的两部分均为正，因此随后可以得到最优 ζ（令式（3.63）中的两部分相等求解 ζ）。

命题 3.7　对于结构 C4，式（3.59）中的 H_2 性能指标为

$$I_{C4} = \frac{1-2\delta\lambda+\delta^2\lambda^2+2\delta^2\lambda-\delta+\delta^2}{\delta^2}\zeta + \frac{1}{4\zeta} \tag{3.64}$$

对于给定的 δ，最优 λ 为

$$\lambda_{opt} = \begin{cases} \dfrac{1-\delta}{\delta}, & \delta < 1 \\ 0, & \delta \geqslant 1 \end{cases}$$

在 $\delta \geqslant 1$ 的情况下，C4 简化为 C2。对于给定的 δ 和 λ，可以得到最优 ζ，即

$$\zeta_{\text{opt}} = \frac{1}{2}\sqrt{\frac{\delta^2}{1-2\delta\lambda+\delta^2\lambda^2+2\delta^2\lambda-\delta+\delta^2}}$$

然后，将 ζ_{opt} 和 λ_{opt} 代入式（3.64）得到最优 I_{C4}。

证明 与命题 3.6 的证明相似。

命题 3.8 对于结构 C5，式（3.59）中的 H_2 性能指标为

$$I_{\text{C5}} = (\lambda+1)^2\zeta + \frac{\delta^2\lambda^3+\delta(3\delta-2)\lambda^2+(1-2\delta+3\delta^2)\lambda+\delta^2}{4\lambda\zeta} \tag{3.65}$$

对于给定的 δ 和 λ，最优 ζ 和 I_{C5} 为

$$\zeta_{\text{opt}} = \frac{1}{2(1+\lambda)}\sqrt{\frac{\delta^2\lambda^3+\delta(3\delta-2)\lambda^2+(1-2\delta+3\delta^2)\lambda+\delta^2}{\lambda}} \tag{3.66}$$

$$I_{\text{C5,opt}} = (\lambda+1)\sqrt{\frac{\delta^2\lambda^3+\delta(3\delta-2)\lambda^2+(1-2\delta+3\delta^2)\lambda+\delta^2}{\lambda}} \tag{3.67}$$

令 $\mathcal{Q}$ 为四次方程正实解 λ 的集合，即

$$4\delta^2\lambda^4+(11\delta-6)\delta\lambda^3+(2-6\delta+9\delta^2)\lambda^2+\delta^2\lambda-\delta^2=0 \tag{3.68}$$

从 $\mathcal{Q}$ 的元素，以及 0 中选择最佳 λ，使得 $I_{\text{C5,opt}}$ 最小。如果最优 λ 为 0，则结构 C5 简化为 C1。

证明 式（3.65）可以通过直接计算获得。由于式（3.65）中的两部分均为正，因此可以分别以如式（3.66）和式（3.67）那样简单的方式获得最优 ζ 和 I_{C5}。根据式（3.67），通过使 $I_{\text{C5,opt}}$ 相对于 λ 的偏导数为零可以获得式（3.68），然后从四次方程的正实解，以及 0 中选择最优 λ 使得 $I_{\text{C5,opt}}$ 最小。此处包括 $\lambda=0$ 的原因在于，λ 为 0 时结构 C5 简化为 C1，不能用上述方法计算 H_2 范数，因此对式（3.67）求导得到的解不包括 $\lambda=0$ 的情况。

上面推导了 H_2 优化中 IDVA 的所有最优参数。本节将 IDVA 的性能与传统 DVA（图 3.12）进行比较。

对于图 3.12 所示的传统 DVA ，可以将 H_2 性能指标推导为

$$I_{\text{DVA}} = \frac{1+\delta}{\delta^2}\zeta + \frac{(\delta+1)^2-\delta(\delta+2)\lambda+\delta^2\lambda^2}{4\lambda^2\delta^2\zeta} \tag{3.69}$$

其中，质量比 δ 和刚度比 λ 定义为 $\delta = m_a/m$ 和 $\lambda = k/k_a$。

与 IDVA 类似，可以得到最优参数为

$$\lambda_{\text{opt}} = \frac{2(\delta+1)^2}{\delta(\delta+2)}$$

$$\zeta_{\mathrm{opt}} = \frac{1}{4}\sqrt{\frac{\delta^3(3\delta+4)}{(\delta+1)^3}}$$

$$I_{\mathrm{DVA,opt}} = \frac{1}{2}\sqrt{\frac{3\delta+4}{\delta(\delta+1)}}$$

图 3.16～图 3.18 所示为 H_2 优化中传统 DVA 和 IDVA 之间的性能比较。如图 3.16 所示，对于相同的 δ，当 δ 分别小于 0.44 和 1.2 时，IDVA C5 和 C3 结构的性能优于传统 DVA ，而结构 C4 的性能比传统 DVA 稍差。如图 3.16 所示，当 $\delta < 0.44$ 时，结构 C5 在所有 IDVA 中性能表现最佳。如图 3.17 所示，IDVA 的阻尼比 ζ 通常小于传统的 DVA。参数的详细值在表 3.2 中给出，其中显示了当 $\delta = 0.2$ 时，IDVA C3 和 C5 结构与传统 DVA 相比可提供 8.75% 和 49.06% 的改进。

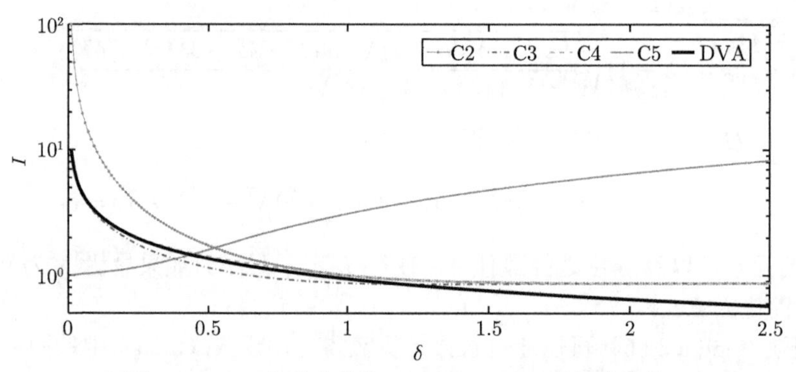

图 3.16 H_2 优化中传统 DVA 和 IDVA 的性能比较

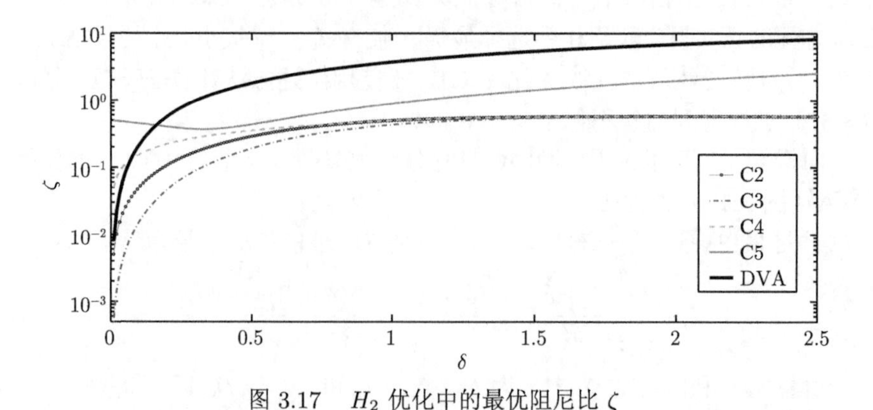

图 3.17 H_2 优化中的最优阻尼比 ζ

与 H_∞ 优化类似，传统 DVA 与 IDVA 之间的根本区别在于，惯容可以在不增加隔振系统物理质量的情况下轻松实现相对较大的惯容量 [1,22]。附着质量 m_a 通

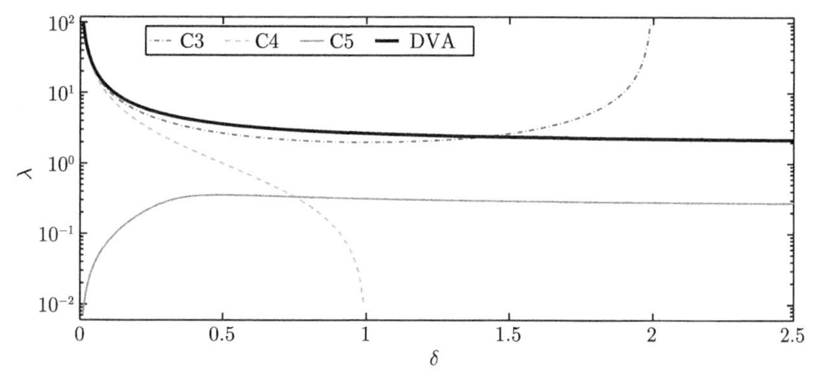

图 3.18 H_2 优化中的最优刚度比 λ

表 3.2 H_2 优化中最优参数比较

(a) H_2 性能指标 I

δ	DVA	C2	C3	C4	C5
0.1	3.1261	9.5394	2.9787	3.1623	1.0479
0.2	2.1890	4.5826	1.9975	2.2361	1.1152
0.3	1.7723	2.9627	1.5607	1.8257	1.2184
0.4	1.5236	2.1794	1.3077	1.5811	1.3798
0.5	1.3540	1.7321	1.1456	1.4142	1.6015
1	0.9354	1.0000	0.8660	1.0000	3.1087
2	0.6455	0.8660	0.8660	0.8660	6.5065
5	0.3979	0.9165	0.9165	0.9165	16.9393

(b) 最优刚度比 λ

δ	DVA	C3	C4	C5
0.1	11.5238	10.5263	9.0000	0.0796
0.2	6.5455	5.5556	4.0000	0.1787
0.3	4.8986	3.9216	2.3333	0.2824
0.4	4.0833	3.1250	1.5000	0.3426
0.5	3.6000	2.6667	1.0000	0.3542
1	2.6667	2.0000	0	0.3139
2	2.2500	∞	0	0.2815
5	2.0571	∞	0	0.2623

(c) 最优阻尼比 ζ

δ	DVA	C2	C3	C4	C5
0.1	0.2274	0.0524	0.0164	0.1581	0.4495
0.2	0.5837	0.1091	0.0476	0.2236	0.4014
0.3	0.9816	0.1688	0.0889	0.2739	0.3704
0.4	1.3930	0.2294	0.1376	0.3162	0.3827
0.5	1.8053	0.2887	0.1909	0.3536	0.4367
1	3.7417	0.5000	0.4330	0.5000	0.9004
2	6.8853	0.5774	0.5774	0.5774	1.9810
5	13.2637	0.5455	0.5455	0.5455	5.3157

常很小，传统 DVA 的典型质量比 δ 小于 0.25 [17,23]。从这个意义上来说，IDVA 的性能可以通过增加惯容量质量比 δ，甚至 $\delta > 0.25$ 进一步提高，这是 IDVA 与传统 DVA 相比的潜在优势。

3.6 结　论

本章通过在单轴隔振系统中应用五种带惯容的结构研究 IDVA 性能。本章首先分析并联惯容和串联惯容的频率响应，并证明并联惯容和串联惯容都可以有效地降低不变点，以及可通过使用惯容减弱高频的隔振度。然后，对提出的 IDVA 同时考虑 H_∞ 和 H_2 性能，并采用不变点理论和 H_2 范数的解析方法分别解析得出 H_∞ 和 H_2 优化的最优参数。另外，IDVA 与传统 DVA 的比较显示出 IDVA 的优势。一方面，对于相同的质量比或惯容量质量比，两个 IDVA 性能要优于传统的 DVA。另一方面，IDVA 的两个独特属性使其比传统 DVA 更具吸引力。第一，在不增加整个系统的物理质量的情况下，惯容可以轻松获得较大的惯容量；第二，惯容是一个内置元件，因此无须在待隔振的物体上安装额外的质量块。

在 IDVA 的实际应用中，惯容的物理实例中采用的大传动比将放大旋转设备的内部摩擦，其增益等于传动比的平方。这可能导致在系统水平上的阻尼量大于最佳阻尼量，从而使 IDVA 偏离理想的设计。因此，需要进行更多的研究工作，找到具有高放大比的低摩擦设计。

参考文献

[1] Smith M C. Synthesis of mechanical networks: the inerter. IEEE Transactions on automatic control, 2002, 47(10): 1648-1662.

[2] Piersol A G, Paez T L. Harris' Shock and Vibration Handbook. 6th ed. New York: McGraw-Hill, 2010.

[3] Carrella A, Brennan M J, Waters T P, et al. Force and displacement transmissibility of a nonlinear isolator with high-static-low-dynamic-stiffness. International Journal of Mechanical Sciences, 2012, 55(1): 22-29.

[4] Rivin E I. Passive Vibration Isolation. New York: ASME, 2003.

[5] Cheung Y L, Wong W O. H_2 optimization of a non-traditional dynamic vibration absorber for vibration control of structures under random force excitation. Journal of Sound and Vibration, 2011, 330(6): 1039-1044.

[6] Wang F C, Chan H A. Vehicle suspensions with a mechatronic network strut. Vehicle System Dynamics, 2011, 49(5): 811-830.

[7] Wang F C, Hsieh M R, Chen H J. Stability and performance analysis of a full-train system with inerters. Vehicle System Dynamics, 2012, 50(4): 545-571.

[8] Wang K, Chen M Z Q, Hu Y. Synthesis of biquadratic impedances with at most four passive elements. Journal of the Franklin Institute, 2014, 351(3): 1251-1267.

[9] Smith M C, Wang F C. Performance benefits in passive vehicle suspensions employing inerters. Vehicle System Dynamics, 2004, 42(4): 235-257.

[10] Chen M Z Q, Hu Y, Li C, et al. Performance benefits of using inerter in semiactive suspensions. IEEE Transactions on Control Systems Technology, 2015, 23(4): 1571-1577.

[11] Hu Y, Chen M Z Q, Shu Z. Passive vehicle suspensions employing inerters with multiple performance requirements. Journal of Sound and Vibration, 2014, 333(8): 2212-2225.

[12] Scheibe F, Smith M C. Analytical solutions for optimal ride comfort and tyre grip for passive vehicle suspensions. Vehicle System Dynamics, 2009, 47(10): 1229-1252.

[13] Marian L, Giaralis A. Optimal design of a novel tuned mass-damper-inerter (TMDI) passive vibration control configuration for stochastically support-excited structural systems. Probabilistic Engineering Mechanics, 2014, 38: 156-164.

[14] Lazar I F, Neild S A, Wagg D J. Using an inerter-based device for structural vibration suppression. Earthquake Engineering and Structural Dynamics, 2014, 43(8): 1129-1147.

[15] Dylejko P G, MacGillivray I R. On the concept of a transmission absorber to suppress internal resonance. Journal of Sound and Vibration, 2014, 333(10): 2719-2734.

[16] Chen M Z Q, Hu Y, Huang L, et al. Influence of inerter on natural frequencies of vibration systems. Journal of Sound and Vibration, 2014, 333(7): 1874-1887.

[17] Cheung Y L, Wong W O. H-infinity optimization of a variant design of the dynamic vibration absorber-Revisited and new results. Journal of Sound and Vibration, 2011, 330(16): 3901-3912.

[18] Den Hartog J P. Mechanical Vibrations. New York: Dover, 1985.

[19] Nishihara O, Asami T. Closed-form solutions to the exact optimizations of dynamic vibration absorbers (minimizations of the maximum amplitude magnification factors). Journal Vibration and Acoustics, 2002, 124(4): 576-582.

[20] Ren M Z. A variant design of the dynamic vibration absorber. Journal of Sound and Vibration, 2001, 245(4): 762-770.

[21] Asami T, Wakasono T, Kameoka K, et al. Optimum design of dynamic absorbers for a system subjected to random excitation. JSME International Journal. Ser. 3, Vibration, Control Engineering, Engineering for Industry, 1991, 34(2): 218-226.

[22] Chen M Z Q, Papageorgiou C, Scheibe F, et al. The missing mechanical circuit element. IEEE Circuits and Systems Magazine, 2009, 9(1): 10-26.

[23] Inman D J. Engineering Vibration. 3rd ed. Upper Saddle River: Prentice-Hall, 2008.

[24] Doyle J C, Francis B A, Tannenbaum A R. Feedback Control Theory. Oxford: Maxwell Macmillan International, 1992.

第 4 章 基于惯容的动力吸振系统

本章主要研究 IDVA 的 H_∞ 和 H_2 优化问题。用基于惯容的机械网络代替 TDVA 中的阻尼器，就可以得到所谓的 IDVA。本章证明在 TDVA 中单独添加一个惯容对 H_∞ 性能没有任何提升，对 H_2 性能的改善也可以忽略不计（当质量比小于 1 时，对 TDVA 的 H_2 性能提升不到 0.32%）。这就意味着，需要在 TDVA 中引入另一个自由度（元件）和惯容进行搭配。因此，通过在 TDVA 中添加一个惯容和一个弹簧，我们提出四种不同的 IDVA，H_∞ 性能和 H_2 性能可以得到显著的提升。无量纲形式的数值仿真表明，H_∞ 性能和 H_2 性能可以分别提升 20% 和 10% 以上。对于 H_∞ 性能，惯容的应用可以使有效频带变宽。

4.1 简 介

DVA 是附加在振动主系统上的辅助质量系统，用于减小不必要的振动。因其设计简单、可靠性高而被广泛应用于土木和机械工程领域 [1]。1909 年，Frahm[2] 提出第一个 DVA。它只使用一个弹簧，并且只在一个狭窄的频带内有效。1928 年，Ormondroyd 等 [3] 发明了由一个弹簧和阻尼器并联实现的阻尼机构，并使有效频带显著变宽。文献 [3] 指出，对于弹簧–阻尼器型的 DVA 本章称为 TDVA 和无阻尼主系统，有两个叫作不变点的频率。它的幅值与阻尼无关，并且弹簧刚度的最优值等于不变点的幅值，而最优的阻尼值会使频率响应曲线水平穿过两个不变点。这种调谐方法至今仍在使用，并被称为不变点理论 [1]，已被证明是次最优的 H_∞ 优化方法 [4]。文献 [4] 对精确的最优解进行了推导，结果表明不变点理论得到的实际上是一个高精度的近似解（当质量比小于 1 时，误差小于 0.5%）。调谐 DVA 的另一种常用的性能度量方法是 H_2 性能度量，当主系统受到随机激励时，这种性能度量方法是可取的。H_2 优化的目标是优化系统在所有频率下总的振动能量 [5]。对于主系统无阻尼的 TDVA，文献 [5] 对最优调谐频率和最优阻尼比进行了研究。对于主系统有阻尼的情况，研究者提出各种设计方法和调谐准则 [6–9]，并研究了 TDVA 在非线性和分布式主系统中的应用 [10–12]，提出反馈控制作用的主动 DVA [13–15]。

吸振是惯容的潜在应用之一 [16]。文献 [16] 研究如何设计基于惯容的网络吸收特定频率的振动的问题，提出利用惯容抑制更宽的频带上的振动的方法。文献 [17] 对相邻楼层采用基于惯容的结构抑制多层建筑的振动。基于单轴隔振系统，文献 [18] 用代数的方法推导几种 IDVA（除 C5 结构外的所有结构）的最优解。文献 [19] 提出一种包含一个惯容的新结构，并将其应用于机械级联（链状）系统。文献 [20] 研究带有附加黏滞阻尼器和惯容的调谐质量吸振器系统的动力学。

本章通过将 TDVA 中的阻尼器替换成基于惯容的机械网络，提出一种新的 IDVA 结构，并研究它们的 H_∞ 和 H_2 性能。本章证明，无论在 TDVA 中单独并联或串联一个惯容，对 H_∞ 性能都没有任何改善，而对 H_2 性能的提升可以忽略（当质量比小于 1 时，对 TDVA 的 H_2 性能提升不到 0.32%）。相比之下，在 TDVA 中加入一个惯容和一个弹簧（如 C3、C4、C5 和 C6 结构），H_∞ 性能和 H_2 性能都得到显著的提升。与 TDVA 相比，H_∞ 性能提升超过 20%，另外惯容的应用还可以提高有效频带的带宽。对于 H_2 性能，我们证明本章中提出的 IDVA 要优于 TDVA，并且数值仿真的结果显示，IDVA 的 H_2 性能提升 10% 以上。此外，我们提出直接利用共振频率的 minmax 框架进行 H_∞ 优化，对于 H_2 优化，采用代数方法解析地计算 H_2 范数。

4.2 预备知识

传统的弹簧-阻尼型的 DVA 如图 4.1(a) 所示，其中 M 代表主质量，即主要结构。它的振动是需要被控制的。弹簧-阻尼质量（k, c, m）系统是 DVA 需要设计的部分。常用的参数整定方法是所谓的不变点理论 [1]，可概括如下。

具有不同减振器阻尼值的弹簧-阻尼器型的 DVA 的频率响应如图 4.2 所示。显然，如果阻尼值为 0，弹簧-阻尼器型的 DVA 退化为只含弹簧的 DVA[2]；如果阻尼值为无穷大，两个质量块可看成刚性连接，原系统就退化为一个单自由度的系统。如图 4.2所示，这两种情况的幅值都无穷。因此，一定存在一个阻尼值使频率响应的峰值最小。这个结果也可以从能量耗散的角度来解释。通过阻尼器将动能转换成热量，可以降低质量块的振幅 [1]。阻尼力所做的功可以用力乘以相对位移来计算。对于零阻尼的情况，没有阻尼力做功，因此振幅无穷大。对于阻尼值无穷的情况，两个质量块刚性连接在一起使相对位移为零，因此阻尼力也不做任何功。同样，一定存在一个阻尼值使阻尼力所做的功最大，此时振幅最小。

如图 4.2所示，图中有两个不受阻尼影响的不变点，因此最优的曲线具有相同高度的不变点，并且两不变点由一条水平切线连接 [1]。不变点理论一般需要两个步骤。首先，选择适当的弹簧刚度，使两个不变点的高度是相等的。其次，选择合适的阻尼值，使曲线水平经过两不变点。由于通常不可能找到一个阻尼值，曲线同时水平地通过两个不变点，因此通常采用一些近似值 [1]。

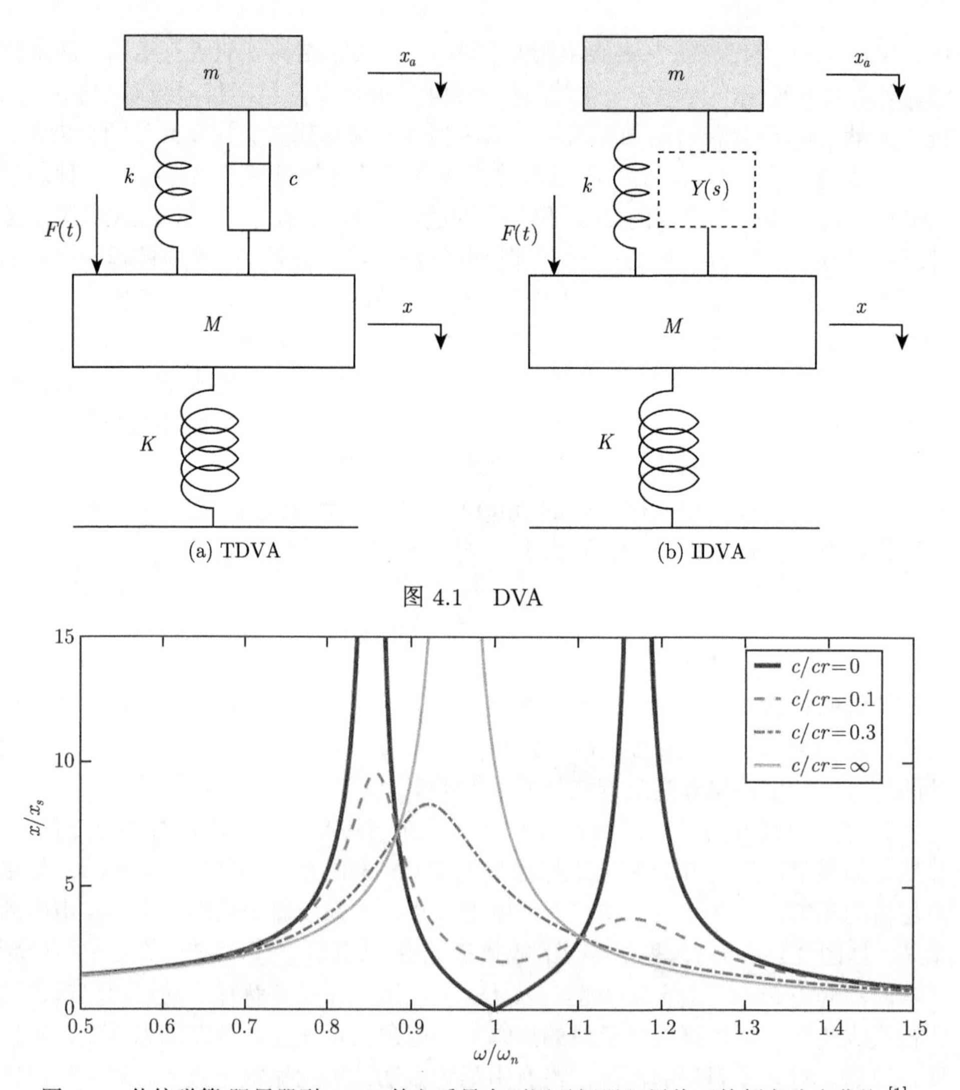

图 4.1 DVA

图 4.2 传统弹簧-阻尼器型 DVA 的主质量在不同吸振器阻尼值下的频率响应曲线 [1]

4.3 基于惯容的动力吸振器

图 4.1给出本章提出的 IDVA 与 TDVA，将 TDVA 中的阻尼器替换成一些基于惯容的机械网络就得到 IDVA。本章采用的所有基于惯容的机械网络如图 4.3所示。整个系统在拉普拉斯域的运动方程为

$$Ms^2x = F + F_d - Kx \tag{4.1}$$

$$ms^2x_a = -F_d \tag{4.2}$$

$$F_d = (k + sY(s))(x_a - x) \tag{4.3}$$

其中，$Y(s)$ 为基于惯容的无源机械网络的机械导纳；F_d 为 DVA 作用在主质量 M 上的力的大小。

由式（4.2）和式（4.3）可知

$$F_d = -R(s)x$$

其中

$$R(s) = \frac{(k + sY(s))ms^2}{k + ms^2 + sY(s)}$$

然后可以得到位移的传递函数，即

$$H(s) = \frac{x}{x_s} = \frac{1}{\dfrac{s^2}{\omega_n^2} + \dfrac{1}{K}R(s) + 1} \tag{4.4}$$

其中，$x_s = F/K$ 和 $\omega_n = \sqrt{\dfrac{K}{M}}$ 为主系统的静态位移和固有频率。

表 4.1列出了图 4.3各个机械网络的导纳函数，其中 $Y_i(s)$，$i = 1, 2, \cdots, 6$ 对应结构 C_i，$i = 1, 2, \cdots, 6$。将 $Y_i(s)$ 代入式（4.4），可以得到每种结构下具体的传递函数。为了得到每种结构无量纲形式的表达，定义以下无量纲参数，即

$$\begin{cases} \mu = \dfrac{m}{M}, & \text{质量比} \\ \delta = \dfrac{b}{m}, & \text{惯容量质量比} \\ \zeta = \dfrac{c}{2\sqrt{mk}}, & \text{阻尼比} \\ \eta = \dfrac{\omega_b}{\omega_m}, & \text{拐角频率比} \\ \gamma = \dfrac{\omega_m}{\omega_n}, & \text{固有频率比} \\ \lambda = \dfrac{\omega}{\omega_n}, & \text{迫振频率比} \end{cases} \tag{4.5}$$

其中

$$\begin{cases} \omega_m = \sqrt{\dfrac{k}{m}}, & \text{DVA 的固有频率} \\ \omega_b = \sqrt{\dfrac{k_1}{b}}, & \text{DVA 的拐角频率} \\ \omega_n = \sqrt{\dfrac{K}{M}}, & \text{主系统的固有频率} \end{cases} \tag{4.6}$$

本章采用机械网络与电路网络之间的力-电流类比，机械导纳被定义为力与速度的比值，与一般的电气术语保持一致[16]。这样的定义与一些书保持了一致[21]，但与其他使用力-电压类比的书不同[22]。

文献 [23] 证明，惯容的使用会对固有频率产生扰动，ω_m 和 ω_n 不是整个系统实际的固有频率，ω_b 也不是实际的拐角频率。这里，符号仅用于无量纲表示。

用 jω 替换式（4.4）中的 s，得到无量纲形式的频率响应函数为

$$H_i(\mathrm{j}\lambda)=\frac{R_{ni}+\mathrm{j}I_{ni}}{R_{mi}+\mathrm{j}I_{mi}},\quad i=1,2,\cdots,6 \tag{4.7}$$

其中，R_{ni}、I_{ni}、R_{mi}、I_{mi} 为 λ、γ、δ、ζ 的函数。

证明　R_{ni}、I_{ni}、R_{mi} 和 I_{mi}，$i=1,2,\cdots,6$ 的表达式如下。

$$\begin{aligned}
R_{n1}&=\lambda^2-\gamma^2+\delta\lambda^2\\
I_{n1}&=-2\lambda\gamma\zeta\\
R_{m1}&=(-\mu\delta-\delta-1)\lambda^4+(\gamma^2+\mu\gamma^2+1+\delta)\lambda^2-\gamma^2\\
I_{m1}&=2\lambda\gamma\zeta(\lambda^2-1+\mu\lambda^2)\\
R_{n2}&=\delta\lambda(\gamma^2-\lambda^2)\\
I_{n2}&=-2\gamma\zeta\left[\gamma^2-(1+\delta)\lambda^2\right]\\
R_{m2}&=\delta\lambda\left[\lambda^4-(\gamma^2+\mu\gamma^2+1)\lambda^2+\gamma^2\right]\\
I_{m2}&=-2\gamma\zeta\left[(1+\delta+\mu\delta)\lambda^4-(\gamma^2+\mu\gamma^2+1+\delta)\lambda^2+\gamma^2\right]\\
R_{n3}&=\delta\eta^2\gamma\lambda(\gamma^2-\lambda^2)\\
I_{n3}&=-2\zeta\left[\gamma^4\eta^2-(1+\delta\eta^2+\eta^2)\lambda^2\gamma^2+\lambda^4\right]\\
R_{m3}&=\delta\eta^2\gamma\lambda\left[\lambda^4-(1+\gamma^2+\mu\gamma^2)\lambda^2+\gamma^2\right]\\
I_{m3}&=2\zeta\{\lambda^6-(1+\mu+\eta^2+\delta\eta^2+\mu\delta\eta^2)\lambda^4\\
&\quad+\left[(\mu+1)\eta^2\gamma^2+1+\eta^2+\delta\eta^2\right]\gamma^2\lambda^2-\gamma^4\eta^2\}\\
R_{n4}&=-\delta\left[\lambda^4-(1+\eta^2+\delta\eta^2)\gamma^2\lambda^2+\gamma^4\eta^2\right]\\
I_{n4}&=-2\gamma\lambda\zeta(\gamma^2-\lambda^2-\delta\lambda^2)\\
R_{m4}&=\delta\left\{\lambda^6-\left[1+(1+\mu+\eta^2+\delta\eta^2+\delta\mu\eta^2)\gamma^2\right]\lambda^4\right.\\
&\quad\left.+\left[(\mu+1)\eta^2\gamma^2+(1+\eta^2+\delta\eta^2)\right]\gamma^2\eta^2-\gamma^4\eta^2\right\}\\
I_{m4}&=-2\gamma\lambda\zeta\left[(1+\delta+\mu\delta)\lambda^4-(1+\delta+\gamma^2+\mu\gamma^2)\lambda^2+\gamma^2\right]\\
R_{n5}&=\delta(\gamma^2-\lambda^2)(\lambda^2-\eta^2\gamma^2)\\
I_{n5}&=-2\gamma\lambda\zeta\left[(1+\delta\eta^2)\gamma^2-(1+\delta)\lambda^2\right]\\
R_{m5}&=\delta(\lambda^2-\eta^2\gamma^2)\left[\lambda^4-(1+\gamma^2+\mu\gamma^2)\lambda^2+\gamma^2\right]\\
I_{m5}&=-2\gamma\lambda\zeta\left\{(1+\delta+\mu\delta)\lambda^4-\left[(1+\mu+\delta\eta^2+\mu\delta\eta^2)\gamma^2+1+\delta\right]\lambda^2\right.
\end{aligned}$$

$$
\begin{aligned}
&\quad + (1+\delta\eta^2)\gamma^2\} \\
R_{n6} &= -\delta\left[\lambda^4 - (1+\eta^2+\delta\eta^2)\gamma^2\lambda^2 + \gamma^4\eta^2\right] \\
I_{n6} &= 2\lambda\gamma\zeta\left[\lambda^2 - (1+\delta\eta^2)\gamma^2\right] \\
R_{m6} &= \delta\left\{\lambda^6 - \left[1 + (1+\mu+\eta^2+\delta\eta^2+\mu\delta\eta^2)\right]\lambda^4 \right. \\
&\quad \left. + \left[(\mu+1)\eta^2\gamma^2 + (1+\eta^2+\delta\eta^2)\right]\gamma^2\lambda^2 - \gamma^4\eta^2\right\} \\
I_{m6} &= -2\gamma\lambda\zeta\left\{\lambda^4 - \left[1 + (1+\mu+\delta\eta^2+\mu\delta\eta^2)\gamma^2\right]\lambda^2 + (1+\delta\eta^2)\gamma^2\right\}
\end{aligned}
$$

图 4.3中各个结构的机械导纳如表 4.1 所示。

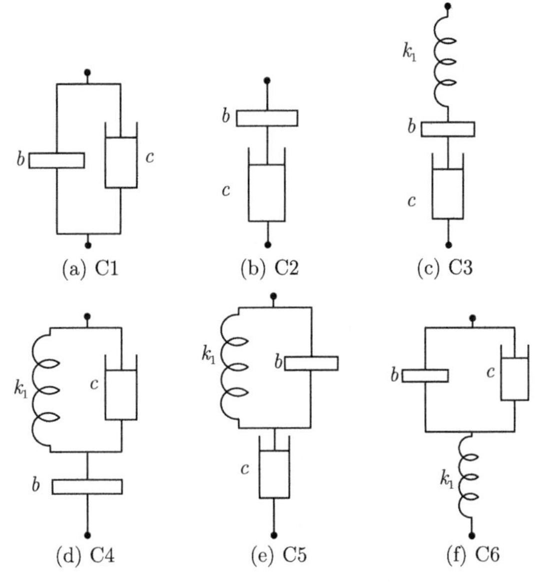

图 4.3 基于惯容的机械网络

表 4.1 图 4.3 中各个结构的机械导纳 $Y(s)$

结构	导纳函数
C1	$Y_1(s) = bs + c$
C2	$Y_2(s) = \dfrac{1}{\dfrac{1}{bs} + \dfrac{1}{c}}$
C3	$Y_3(s) = \dfrac{1}{\dfrac{s}{k_1} + \dfrac{1}{c} + \dfrac{1}{bs}}$
C4	$Y_4(s) = \dfrac{1}{\dfrac{1}{\dfrac{k_1}{s} + c} + \dfrac{1}{bs}}$

续表

结构	导纳函数
C5	$Y_5(s)=\dfrac{1}{\dfrac{1}{\dfrac{k_1}{s}+bs}+\dfrac{1}{c}}$
C6	$Y_6(s)=\dfrac{1}{\dfrac{1}{bs+c}+\dfrac{s}{k_1}}$

4.4　IDVA 的 H_∞ 优化

4.4.1　minmax 优化问题

H_∞ 优化的目的是使频率响应 $|H_i(\mathrm{j}\lambda)|$，$i=1,2,\cdots,6$ 的最大幅值最小化，即 $H_i(s)$ 的 H_∞ 范数，其中 $s=\mathrm{j}\lambda$。对于 TDVA，通常采用不变点理论解析求解最优参数[1]。由于 IDVA 的阻尼比总是存在两个以上的不变点，因此很难获得简单且解析的最优参数表达式。本章用公式表示如下 minmax 优化问题，以直接最小化共振频率处的幅值。

对于给定的质量比 μ，求解以下的 minmax 优化问题，即

$$\min_{\delta,\gamma,\eta,\zeta}\left(\max_{\lambda_l}\left(|H_i(\mathrm{j}\lambda_l)|\right)\right),\quad i=1,2,\cdots,6;l=1,2,\cdots,N \tag{4.8}$$

使 $\delta\geqslant0$、$\gamma\geqslant0$、$\eta\geqslant0$、$\zeta\geqslant0$，且 λ_l，为下式的正实解，即

$$\frac{\partial|H_i(\mathrm{j}\lambda)|^2}{\partial\lambda^2}=0 \tag{4.9}$$

其中，i 对应图 4.3中的 6 个 IDVA。

式（4.8）和式（4.9）的基本思想是直接使用共振频率精确地最小化 H_∞ 范数（不像在不变点理论[1] 中那样使用不变点来近似最小化 H_∞ 范数）。这是受文献 [4] 方法的启发，使用两个共振频率导出 TDVA 的精确解。注意式（4.9）的解集，即 λ_l 包含共振频率、反共振频率和频率响应曲线水平通过的其他频率。由于频率响应的最大值，即传递函数的 H_∞ 范数，仅出现在共振频率处，因此只需最小化 $\max_{\lambda_l}(|H_i(\mathrm{j}\lambda_l)|)$，$l=1,2,\cdots,N$，获得传递函数 $H_i(s)$ 最优的 H_∞ 范数。

式（4.9）可转化为关于 λ^2 的多项式函数如下。根据式（4.7），$|H_i(\mathrm{j}\lambda)|^2$ 可以写为

$$|H_i(\mathrm{j}\lambda)|^2=\frac{n}{m}$$

其中，$n=R_{ni}^2+I_{ni}^2$；$m=R_{mi}^2+I_{mi}^2$。

由于

$$\frac{\partial|H_i(\mathrm{j}\lambda)|^2}{\partial\lambda^2}=\frac{n'm-m'n}{m^2}$$

其中，$n' = \dfrac{\partial n}{\partial \lambda^2}$；$m' = \dfrac{\partial m}{\partial \lambda^2}$。

式（4.9）可等效为

$$n'm - m'n = 0 \tag{4.10}$$

它是一个关于 λ^2 的方程，对于不同的结构具有不同的阶数。

式（4.8）和式（4.10）是一个有约束的优化问题。利用 $\lambda_l = f(\delta, \gamma, \eta, \zeta)$ 可以将式（4.10）转化为目标函数。本章利用 MATLAB 的求解器 patternsearch 设置多个起点，采用直接搜索法求解约束优化问题式（4.8）和式（4.10）。

MATLAB 求解器 patternsearch 的功能是使用模式搜索查找函数的最小值，它的调用格式为

$$x = \mathrm{patternsearch(fun, x0, A, b, Aeq, beq, lb, ub, nonlcon, options)}$$

其中，只有 fun 和 x0 是必填参数，其余均为选填参数；x 为句柄函数 fun 取得极小值时自变量的值；fun 为被搜索函数的句柄；x0 是一个实向量，表示搜索算法的起始点；A 和 b 为线性不等式约束，即 $\mathrm{Ax} \leqslant \mathrm{b}$；Aeq 和 beq 为线性等式约束条件，即 $\mathrm{Aeq \cdot x = beq}$；lb 和 ub 为 x 的下限和上限，即 $\mathrm{lb} \leqslant \mathrm{x} \leqslant \mathrm{ub}$；nonlcon 为非线性不等式（$\mathrm{c(x)} \leqslant 0$）、等式（$\mathrm{ceq(x)} = 0$）约束函数的句柄；options 为求解器 patternsearch() 中的优化选项。

调用范例如下。

首先，创建一个文件名为“psobj.m”的函数文件，其中 function y = psobj(x), y = exp(−x(1)^2−x(2)^2)∗(1+4∗x(1)+5∗x(2)+11∗x(1)∗cos(x(2)))；将该函数文件的句柄幅值给变量 fun，即 fun = @psobj；将初始点设为 (0, 0)，即 x0 = [0, 0]。然后，调用求解器 patternsearch 搜索函数的最小值，即 x = patternsearch(fun, x0)。搜索结果为 x = (−0.7114, −0.1746)。更复杂的调用范例详见 MATLAB 使用手册。

4.4.2 TDVA 与 IDVA 的对比

对于 TDVA，最优参数的解析表达为 [1]

$$\gamma_{\mathrm{opt}} = \frac{1}{\mu + 1}$$

$$\zeta_{\mathrm{opt}} = \sqrt{\frac{3\mu}{8(1+\mu)^3}}$$

两个不变点处的最佳高度为 $\sqrt{\dfrac{2+\mu}{\mu}}$。

将 $Y(s)=c$ 代入式（4.4）并用 $\mathrm{j}\omega$ 代替 s，可得 TDVA 无量纲形式的位移频率响应函数，即

$$H_{\mathrm{TDVA}}(\mathrm{j}\lambda)=\frac{\lambda^2-\gamma^2-\mathrm{j}\cdot 2\lambda\gamma\zeta}{-\lambda^4+(\gamma^2+\mu\gamma^2+1)\lambda^2-\gamma^2+\mathrm{j}\cdot 2\lambda\gamma\zeta(\lambda^2-1+\mu\lambda^2)}$$

计算过程如下，即

$$R(s)=\frac{(k+sY)ms^2}{k+ms^2+sY}$$

令 $s=\mathrm{j}\omega$，$Y=c$，有

$$R(\mathrm{j}\omega)=-\frac{(k+\mathrm{j}\omega c)m\omega^2}{k-m\omega^2+\mathrm{j}\omega c}$$

因为 $\omega=\lambda\omega_n$，所以

$$\frac{R(\mathrm{j}\lambda)}{K}=-\frac{(k+\mathrm{j}\lambda\omega_n c)m\lambda^2\omega_n^2}{K(k-m\lambda^2\omega_n^2+\mathrm{j}\lambda\omega_n c)}$$

上下同时除以 mk，由于 $\omega_m=\sqrt{\dfrac{k}{m}}$、$\zeta=\dfrac{c}{2\sqrt{mk}}$，因此

$$\frac{R(\mathrm{j}\lambda)}{K}=-\frac{(\omega_m+2\mathrm{j}\lambda\omega_n\zeta)\dfrac{\lambda^2\omega_n^2}{\omega_m}}{\dfrac{K}{\sqrt{mk}}\left(\omega_m-\dfrac{\lambda^2\omega_n^2}{\omega_m}+2\mathrm{j}\lambda\omega_n\zeta\right)}$$

上下同时乘以 $\dfrac{\omega_m}{\omega_n^2}$，由于 $\gamma=\dfrac{\omega_m}{\omega_n}$、$\gamma\mu=\sqrt{\dfrac{mk}{MK}}$，有

$$\frac{R(\mathrm{j}\lambda)}{K}=\frac{\gamma^2\mu\lambda^2+2\mathrm{j}\lambda^3\gamma\zeta\mu}{\lambda^2-\gamma^2-2\mathrm{j}\lambda\gamma\zeta}$$

代入 $H(\mathrm{j}\lambda)$ 中，可得

$$H(\mathrm{j}\lambda)=\frac{\lambda^2-\gamma^2-\mathrm{j}\cdot 2\lambda\gamma\zeta}{-\lambda^4+(\gamma^2+\mu\gamma^2+1)\lambda^2-\gamma^2+\mathrm{j}\cdot 2\lambda\gamma\zeta(\lambda^2-1+\mu\lambda^2)}$$

令

$$\begin{aligned}
A&=4\lambda^2\gamma^2\\
B&=(\lambda^2-\gamma^2)^2\\
C&=4\lambda^2\gamma^2(\lambda^2-1+\mu\lambda^2)^2
\end{aligned}$$

$$D = \left[-\lambda^4 + (\gamma^2 + \mu\gamma^2 + 1)\lambda^2 - \gamma^2\right]^2$$

则

$$|H_{\mathrm{TDVA}}|^2 = \frac{A\zeta^2 + B}{C\zeta^2 + D}$$

为了找到与阻尼无关的不变点，可令

$$\frac{A}{C} = \frac{B}{D}$$

即

$$\frac{1}{(\mu+1)\lambda^2 - 1} = \pm\frac{\lambda^2 - \gamma^2}{-\lambda^4 + (\gamma^2 + \mu\gamma^2 + 1)\lambda^2 - \gamma^2}$$

取负号时，化简可得 $\mu\lambda^4 = 0$，其解为 $\lambda = 0$。取正号时，化简可得

$$(\mu+2)\lambda^4 - 2\left[1 + \gamma^2(\mu+1)\right]\lambda^2 + 2\gamma^2 = 0 \tag{4.11}$$

可得两个不变点 P 和 Q（令 $\lambda_P < \lambda_Q$），即

$$\lambda_{P,Q}^2 = \frac{1 + (\mu+1)\gamma^2 \mp \sqrt{(1 + \mu\gamma^2 + \gamma^2)^2 - 2(\mu+2)\gamma^2}}{\mu+2}$$

由于 $|H_{\mathrm{TDVA}}|$ 在不变点 P 和 Q 处与 ζ 值无关，因此令 P 和 Q 处幅值相等，则有

$$\left|\frac{1}{(\mu+1)\lambda_P^2 - 1}\right| = \left|\frac{1}{(\mu+1)\lambda_Q^2 - 1}\right|$$

容易验证，等号左边大于 0，右边小于 0，因此有

$$\frac{1}{(\mu+1)\lambda_P^2 - 1} = -\frac{1}{(\mu+1)\lambda_Q^2 - 1}$$

整理可得

$$\lambda_P^2 + \lambda_Q^2 = \frac{2}{\mu+1}$$

考虑式（4.11），可得

$$\frac{2}{\mu+1} = \frac{2\left[1 + (\mu+1)\gamma^2\right]}{\mu+2}$$

解得 $\gamma_{\mathrm{opt}} = \dfrac{1}{\mu+1}$。

为了计算最优阻尼比 ζ_{opt}，可令 P 和 Q 两点关于 λ^2 的偏导为 0，即

$$\frac{\partial|H_{\mathrm{TDVA}}|^2}{\partial\lambda^2}\bigg|_{\lambda=\lambda_P} = 0$$

$$\frac{\partial |H_{\text{TDVA}}|^2}{\partial \lambda^2}\,|_{\lambda=\lambda_Q} = 0$$

求解可得 ζ_P^2 和 ζ_Q^2，则最优的阻尼比为

$$\zeta_{\text{opt}} = \sqrt{\frac{\zeta_P^2+\zeta_Q^2}{2}} = \sqrt{\frac{3\mu}{8(1+\mu)^3}}$$

将 $\lambda = \lambda_P$（λ_Q）、$\gamma = \gamma_{\text{opt}}$ 和 $\zeta = \zeta_{\text{opt}}$ 代入式（4.4.2)，可得最优幅值为 $\sqrt{\dfrac{\mu+2}{\mu}}$。

1. C1 和 C2 的性能限制

本节证明，与 TDVA 相比，结构 C1 和 C2 对 H_∞ 性能没有改善。

对于结构 C1，直接使用文献 [1] 中的不变点理论，得到结构 C1 最优的参数为

$$\gamma_{\text{opt}} = \frac{1+(1+\mu)\delta}{1+\mu}$$
$$\zeta_{\text{opt}} = \sqrt{\frac{3\mu}{8(1+\mu)^3}}$$

两个不变点处的最优幅值为 $\sqrt{\dfrac{2+\mu+2\delta(1+\mu)}{\mu}}$。显然，$\delta$ 的最优值是 0，这就意味着结构 C1 中并联的惯容对 H_∞ 优化没有任何改善。当 $\mu = 0.1$ 时，具有不同 δ 值的结构 C1 与 TDVA 之间的对比如图 4.4 所示。其中，TDVA 代表 TDVA 的最优频率响应曲线；$\delta = 0.1$ 代表结构 C1 惯容量质量比为 0.1 时最优的频率响应曲线；$\delta = 0.5$ 代表结构 C1 惯容量质量比为 0.5 时最优的频率响应曲线；$\delta = 1$ 代表结构 C1 惯容量质量比为 1 时最优的频率响应曲线。由图 4.4可知，$|H_1(\mathrm{j}\lambda)|$ 的最大值随着 δ 值的减小而减小。当 $\delta = 0$ 时，结构 C1 的频率响应与 TDVA 的频率响应相吻合。

本章提出的 minmax 优化方法同样适用于结构 C1。本章的方法与不变点理论的对比如图 4.5所示。应用 minmax 优化方法获得的结构 C1 最优的频率响应曲线的最大值为 4.589；应用不变点理论获得的结构 C1 最优的频率响应曲线的最大值为 4.590。由图 4.5可知，这两种方法的计算结果高度吻合，结果与文献 [4] 中的解析解一致，验证了本章方法的有效性。

对于结构 C2，串接的惯容对 H_∞ 性能也没有提升。为了说明 δ 的影响，式（4.8）可修改为对于给定的 μ 和 δ，

$$\min_{\gamma,\zeta}\left(\max_{\lambda_l}\left(|H_2(\mathrm{j}\lambda_l)|\right)\right),\quad l=1,2,\cdots,N$$

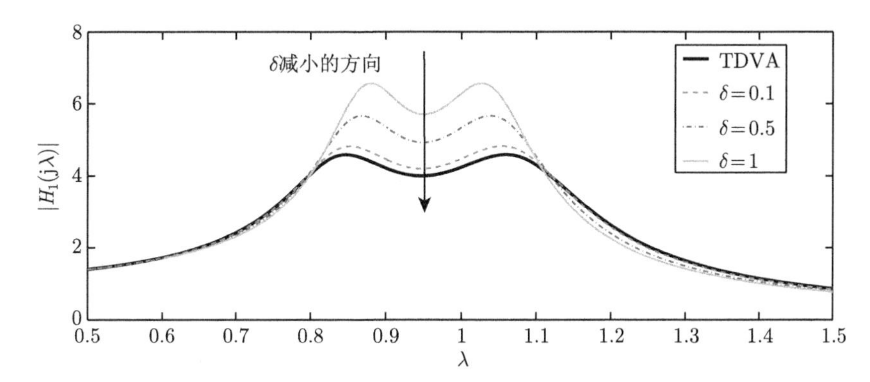

图 4.4 $\mu = 0.1$ 取不同的惯容量质量比 δ 时，TDVA 与结构 C1 的对比

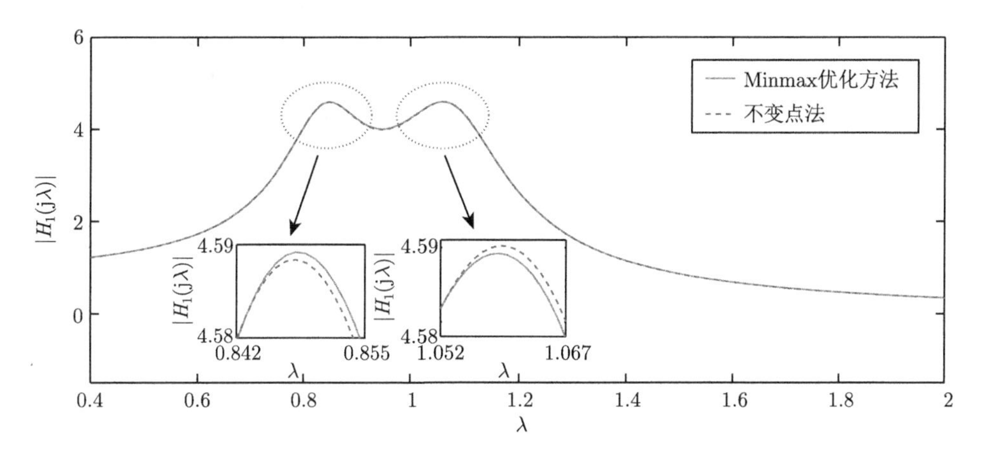

图 4.5 $\mu = 0.1$ 时 minmax 优化方法与不变点理论的对比

使得 $\gamma \geqslant 0$、$\eta \geqslant 0$、$\zeta \geqslant 0$ 且 λ_l 是式（4.10）的正实解。$\mu = 0.1$ 时，具有不同 δ 值的结构 C2 与 TDVA 之间的对比如图 4.6 所示。其中，TDVA 代表 TDVA 的最优频率响应曲线；$\delta = 0.5$ 代表结构 C2 惯容量质量比为 0.5 时最优的频率响应曲线；$\delta = 1$ 代表结构 C2 惯容量质量比为 1 时最优的频率响应曲线；$\delta = 3$ 代表结构 C2 惯容量质量比为 3 时最优的频率响应曲线。由图可知，$|H_2(\mathrm{j}\lambda)|$ 的最大值随着 δ 值的增大而减小。当 δ 足够大时，结构 C2 的频率响应与 TDVA 的频率响应相吻合。这种观察也被其他 μ 的选择证实，如图 4.7所示。因此，对于一个惯容和阻尼器串联的结构，串联的惯容不会改善隔振系统的 H_∞ 性能。

结构 C1 和 C2 代表两种在 TDVA 上添加惯容的方式，即并联（结构 C1）和串联（结构 C2）。无论是并联连接还是串联连接，在 TDVA 上单独添加一个惯容，对 H_∞ 性能没有任何提升。因此，应该引入其他的自由度，这也是通过在 TDVA 中添加一个惯容和一个弹簧引入结构 C3、C4、C5 和 C6 的动机。

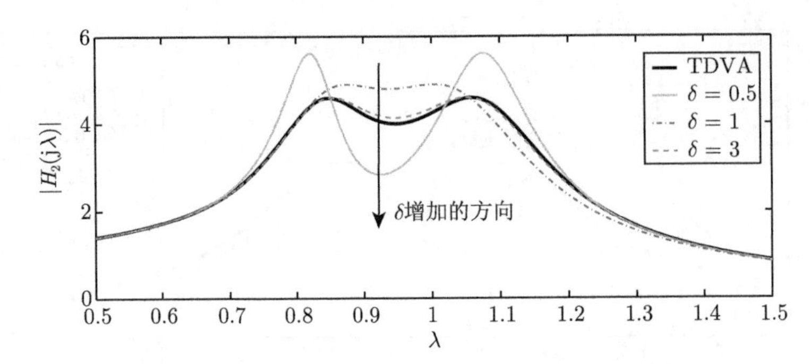

图 4.6　$\mu = 0.1$ 取不同的惯容量质量比 δ 时，TDVA 与结构 C2 的对比

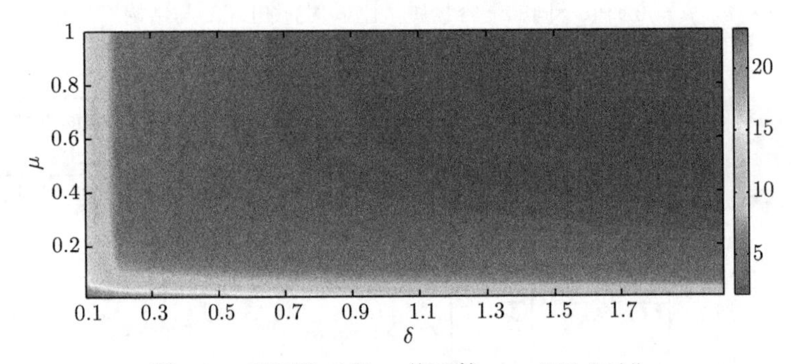

图 4.7　不同的 δ 和 μ 值下的 $\max(|H_2(j\lambda)|)$

2. 结构 C3、C4、C5 和 C6 的性能优势

本节展示在引入另一个自由度后，即弹簧 k_1，与 TDVA 相比，H_∞ 性能将得到显著的提升。在式 (4.10) 中，分别求解结构 C3、C4、C5、C6 的优化问题 (4.8)，其中式 (4.10) 是关于 λ^2 的 9 阶多项式。采用文献 [4] 中 TDVA 的精确解进行比较，具体参数值如表 4.2～表 4.4所示。表 4.2 表明，与 TDVA 相比，结构 C3、C4、C5、C6 均能提高 H_∞ 性能，其中结构 C3 的 H_∞ 性能最优，性能顺序为 C3 > C6 > C4 > C5 > TDVA（> 表示性能更好），但 $\mu \geqslant 1$ 除外。由于质量比通常很小，实际上小于 0.25[24,25]，因此可以得出 C3 > C6 > C4 > C5 > TDVA。图 4.8也证实了这一结论，图中显示了 $0 < \mu \leqslant 0.25$ 范围内 IDVA 与 TDVA 的比较。如图 4.8(b) 所示，IDVA 可以得到 8% ~ 26% 的性能提升。在 $0 < \mu \leqslant 0.25$ 范围内，其他参数如图 4.9所示。值得注意的是，如表 4.3 和图 4.9 所示，尽管结构 C3 最优的 γ 和 ζ 与 TDVA 几乎相同，但和 TDVA 相比，结构 C3 可提供超过 22% 的性能提升。此外，考虑 C3 和 C6 优于 C4 和 C5，因此对于 H_∞ 性能，弹簧 k_1 最好是串联的。

当 $\mu = 0.1$ 时，IDVA 和 TDVA 的对比如图 4.10所示。可以看出，幅值在 1 左右的曲线，IDVA 的频率响应要比 TDVA 的平缓得多，并且有效频带也比 TDVA

大得多。

表 4.2 H_∞ 优化中的最大幅值 max $|H(\mathrm{j}\lambda)|$

μ	TDVA[4]	C3	C4	C5	C6
0.01	14.1796	11.0330	11.0860	12.9216	11.0351
0.02	10.0530	7.8340	7.9064	9.1498	7.8352
0.05	6.4080	5.0159	5.1194	5.8051	5.0210
0.10	4.5892	3.6175	3.7448	4.1379	3.6208
0.20	3.3254	2.6552	2.7986	2.9877	2.6616
0.50	2.2480	1.8513	1.9941	2.0198	1.8521
1.00	1.7457	1.4893	1.6127	1.5809	1.4893
2.00	1.4279	1.2697	1.3629	1.3157	1.2697
5.00	1.1942	1.1166	1.1702	1.1766	1.1166
10.00	1.1033	1.0602	1.0918	1.0934	1.0603

表 4.3 H_∞ 优化中的最优固有频率比 γ 和最优阻尼比 ζ

(a) 最优固有频率比 γ

μ	TDVA[4]	C3	C4	C5	C6
0.01	0.9902	0.9900	0.9957	0.9712	0.9842
0.02	0.9802	0.9802	0.9911	0.9493	0.9684
0.05	0.9520	0.9520	0.9766	0.9090	0.9242
0.10	0.9083	0.9083	0.9499	0.8501	0.8642
0.20	0.8319	0.8319	0.8931	0.7538	0.7693
0.50	0.6642	0.6643	0.7514	0.5681	0.5604
1.00	0.4973	0.4971	0.5882	0.4041	0.3979
2.00	0.3307	0.3302	0.4100	0.2547	0.2526
5.00	0.1646	0.1641	0.2145	0.2004	0.1197
10.00	0.0889	0.0893	0.1198	0.1118	0.0652

(b) 最优阻尼比 ζ

μ	TDVA[4]	C3	C4	C5	C6
0.01	0.0603	0.0547	0.0025	0.0655	0.0025
0.02	0.0841	0.0769	0.0065	0.0973	0.0073
0.05	0.1276	0.1199	0.0224	0.1477	0.0270
0.10	0.1686	0.1657	0.0505	0.2086	0.0593
0.20	0.2101	0.2244	0.0981	0.2919	0.1180
0.50	0.2402	0.3175	0.2012	0.4294	0.3047
1.00	0.2235	0.3894	0.2905	0.5359	0.4354
2.00	0.1749	0.4505	0.3779	0.6325	0.5498
5.00	0.1002	0.5057	0.4525	0.5163	0.6593
10.00	0.0581	0.5288	0.4804	0.5313	0.6841

表 4.4 H_∞ 优化中的最优的惯容量质量比 δ 和拐角频率比 δ

(a) 最优惯容量质量比 δ

μ	C3	C4	C5	C6
0.01	0.0238	0.0234	2.2791	0.0228
0.02	0.0473	0.0453	1.8105	0.0448
0.05	0.1156	0.1069	1.6782	0.0989
0.10	0.2208	0.1930	1.5320	0.1538
0.20	0.4082	0.3212	1.1521	0.2126
0.50	0.8256	0.5719	0.6919	0.2426
1.00	1.2552	0.7785	0.3130	0.2009
2.00	1.7228	0.9703	0.1423	0.1364
5.00	2.2540	1.1307	3.9018	0.0627
10.00	2.4989	1.2089	3.6257	0.0339

(b) 最优拐角频率比 η

μ	C3	C4	C5	C6
0.01	1.0051	0.9864	1.1242	1.0248
0.02	1.0098	0.9745	1.1982	1.0492
0.05	1.0248	0.9420	1.3341	1.1288
0.10	1.0485	0.9013	1.5181	1.2454
0.20	1.0940	0.8563	1.8754	1.4560
0.50	1.2219	0.7713	2.8856	2.2775
1.00	1.4061	0.7163	4.9686	3.5386
2.00	1.7178	0.6629	9.6074	6.0835
5.00	2.4169	0.6141	0.5009	14.5775
10.00	3.2632	0.5780	0.4739	27.6261

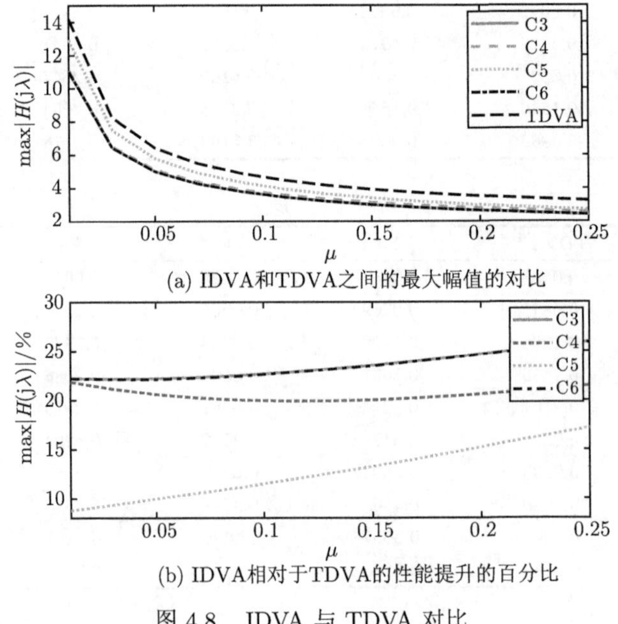

(a) IDVA和TDVA之间的最大幅值的对比

(b) IDVA相对于TDVA的性能提升的百分比

图 4.8 IDVA 与 TDVA 对比

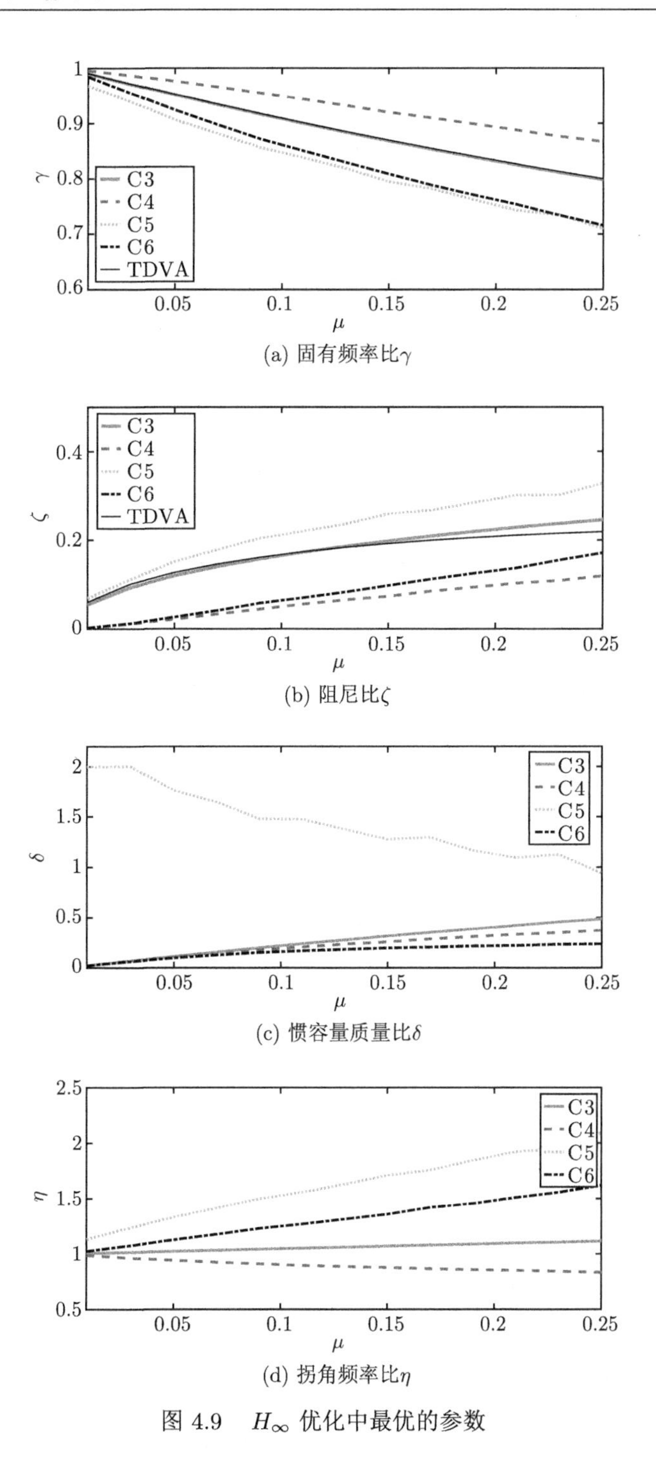

(a) 固有频率比γ

(b) 阻尼比ζ

(c) 惯容量质量比δ

(d) 拐角频率比η

图 4.9 H_∞ 优化中最优的参数

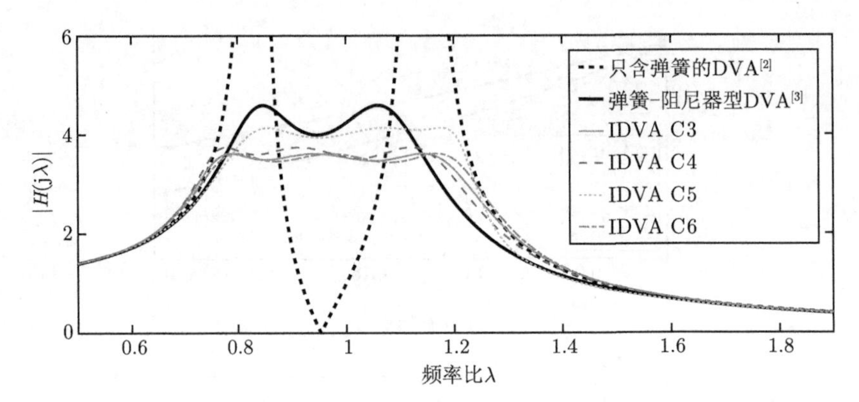

图 4.10 $\mu = 0.1$ 时 IDVA 与 TDVA 的对比

4.5 IDVA 的 H_2 优化

4.5.1 H_2 性能度量及其解析解

当系统受随机激励而非正弦激励时，采用 H_2 优化比 H_∞ 优化更恰当[7,26,27]。H_2 优化中的性能度量定义为[7,26,27]

$$I = \frac{E\left(x^2\right)}{2\pi S_0 \omega_n} \tag{4.12}$$

其中，S_0 为归一化的功率谱密度函数。

质量块 m 的位移 x 的均方值可表示为

$$E\left(x^2\right) = S_0 \int_{-\infty}^{\infty} |H(\mathrm{j}\lambda)|^2 \,\mathrm{d}\omega = S_0 \omega_n \int_{-\infty}^{\infty} |H(\mathrm{j}\lambda)|^2 \,\mathrm{d}\lambda \tag{4.13}$$

将式（4.13）代入式（4.12），可得

$$I = \frac{1}{2\pi} \int_{-\infty}^{\infty} |H(\mathrm{j}\lambda)|^2 \,\mathrm{d}\lambda \tag{4.14}$$

传递函数 $\hat{H}(s)$ 的 H_2 范数的定义就是用拉普拉斯算子 s 替换 $H(\mathrm{j}\lambda)$ 中的 $\mathrm{j}\lambda$。

因此，H_2 性能的度量可改写为

$$I = \left\| \hat{H}(s) \right\|_2^2 \tag{4.15}$$

在 H_2 优化中，使用文献 [28] 提供的分析方法推导 IDVA 的解析解，简述如下。

对于稳定的传递函数 $\hat{H}(s)$，可得 H_2 范数，即

$$\|\hat{H}(s)\|_2^2 = \|C(sI-A)^{-1}B\|_2^2 = CLC^{\mathrm{T}}$$

其中，A、B、C 为传递函数 $\hat{H}(s)=C(sI-A)^{-1}B$ 的最小状态空间实现；L 为李雅普诺夫方程的唯一解。

由

$$AL + LA^{\mathrm{T}} + BB^{\mathrm{T}} = 0 \tag{4.16}$$

可以将 $\hat{H}(s)$，即

$$\hat{H}(s) = \frac{b_{n-1}s^{n-1}+\cdots+b_1 s+b_0}{s^n+a_{n-1}s^{n-1}+\cdots+a_1 s+a_0}$$

写成它的可控标准型，即

$$\begin{aligned}\dot{x} &= Ax+Bu\\ y &= Cx\end{aligned}$$

其中

$$A = \begin{bmatrix} 0 & 1 & 0 & \cdots & 0\\ 0 & 0 & 1 & \cdots & 0\\ \vdots & \vdots & \vdots & & \vdots\\ 0 & 0 & 0 & \cdots & 1\\ -a_0 & -a_1 & -a_2 & \cdots & -a_{n-1}\end{bmatrix}$$

$$B = \begin{bmatrix} 0\\ 0\\ \vdots\\ 0\\ 1\end{bmatrix}$$

$$C = [b_0 \quad b_1 \quad b_2 \quad \cdots \quad b_{n-1}]$$

4.5.2 TDVA 与 IDVA 的对比

对于 TDVA，可获得它的 H_2 性能度量，即

$$I_{\mathrm{TDVA}} = \frac{\gamma(1+\mu)\zeta}{\mu} + \frac{1-(\mu+2)\gamma^2+(1+\mu)^2\gamma^4}{4\mu\gamma\zeta} \tag{4.17}$$

最优的 γ 和 ζ 为

$$\gamma_{\mathrm{TDVA,opt}}=\sqrt{\frac{\mu+2}{2(1+\mu)^2}} \tag{4.18}$$

$$\zeta_{\mathrm{TDVA,opt}}=\sqrt{\frac{(3\mu+4)\mu}{8(\mu+1)(\mu+2)}} \tag{4.19}$$

将 $\gamma_{\mathrm{TDVA,opt}}$ 和 $\zeta_{\mathrm{TDVA,opt}}$ 代入式（4.17），可以得到最优的 $I_{\mathrm{TDVA,opt}}$，即

$$I_{\mathrm{TDVA,opt}}=\sqrt{\frac{3\mu+4}{4(\mu+1)\mu}} \tag{4.20}$$

1. C1 和 C2 的性能限制

结构 C1 和 C2 的 H_2 性能度量为

$$\begin{aligned}I_{\mathrm{C1}}=&\frac{\gamma(1+\mu)\zeta}{\mu}+\frac{1}{4\mu\gamma\zeta}\{\delta^2-2\left[(1+\mu)\gamma^2-1\right]\delta\\&+1-(\mu+2)\gamma^2+(1+\mu)^2\gamma^4\}\end{aligned} \tag{4.21}$$

$$=I_{\mathrm{TDVA}}+\frac{1}{4\mu\gamma\zeta}\left(\delta^2+a_{\mathrm{C1,1}}\delta\right) \tag{4.22}$$

$$I_{\mathrm{C2}}=\left(a_{\mathrm{C2,2}}\delta^{-2}+a_{\mathrm{C2,1}}\delta^{-1}+a_{\mathrm{C2,0}}\right)\zeta+\frac{1-(\mu+2)\gamma^2+(1+\mu)^2\gamma^4}{4\mu\gamma\zeta} \tag{4.23}$$

$$=I_{\mathrm{TDVA}}+\left(a_{\mathrm{C2,2}}\delta^{-2}+a_{\mathrm{C2,1}}\delta^{-1}\right)\zeta \tag{4.24}$$

其中，$a_{\mathrm{C1,1}}=-2\left[(1+\mu)\gamma^2-1)\right]$；$a_{\mathrm{C2,2}}=\dfrac{\gamma}{\mu}\left[(1+\mu)^3\gamma^4-2(1+\mu)\gamma^2+1\right]$；$a_{\mathrm{C2,1}}=\dfrac{\gamma}{\mu}\left[2+\mu-2(1+\mu)^2\gamma^2\right]$；$a_{\mathrm{C2,0}}=\dfrac{\gamma(1+\mu)}{\mu}$。

由此可得以下命题。

命题 4.1　结构 C1 的 H_2 性能并不比 TDVA 的好。

证明　由式（4.22），如果 C1 的性能优于 TDVA，即 $I_{\mathrm{C1}}<I_{\mathrm{TDVA}}$，则式（4.22）的第二项必须小于 0。这意味着

$$\delta^2+a_{\mathrm{C1,1}}\delta<0$$

由于 $\delta\geqslant 0$，如果 $\gamma^2<\dfrac{1}{1+\mu}$，那么 δ 的最优值 δ_{opt} 就为 0。如果 $\gamma^2\geqslant\dfrac{1}{1+\mu}$，则最优值为 $\delta_{\mathrm{opt}}=(1+\mu)\gamma^2-1$，将 δ_{opt} 代入式（4.22），可得 γ^2 的最优值为 $\dfrac{1}{1+\mu}$。这就意味着，δ 的最优值也是 0。

命题 4.2 对于 H_2 性能，结构 C2 略优于 TDVA，但是当 $\mu \leqslant 1$ 时，最多也只能达到 0.32% 的性能提升。

证明 首先，我们证明 C2 的性能表现要优于 TDVA，即 $I_{\mathrm{C2,opt}} < I_{\mathrm{TDVA,opt}}$，其中 $I_{\mathrm{C2,opt}}$ 代表 I_{C2} 的最优值。由式（4.24）可知，如果 C2 的性能优于 TDVA，下面的不等式一定成立，即

$$a_{\mathrm{C2},2}\delta^{-2} + a_{\mathrm{C2},1}\delta^{-1} < 0$$

这就要求

$$a_{\mathrm{C2},1} < 0 \quad 或 \quad \gamma^2 > \frac{2+\mu}{2(1+\mu)^2}$$

对于任意的 $\gamma \geqslant 0$ 都有 $a_{\mathrm{C2},2} \geqslant 0$。如果 $\gamma^2 > \dfrac{2+\mu}{2(1+\mu)^2}$，则 δ^{-1} 的最优值为

$$\delta_{\mathrm{opt}}^{-1} = -\frac{a_{\mathrm{C2},1}}{2a_{\mathrm{C2},2}}$$

I_{C2} 可以表示为

$$I_{\mathrm{C2}} = \sqrt{\frac{[1-(2+\mu)\gamma^2+(1+\mu)^2\gamma^4]\,[4(1+\mu)^2\gamma^2-\mu]}{4\mu\,[1-2(1+\mu)\gamma^2+(1+\mu)^3\gamma^4]}} \tag{4.25}$$

利用式（4.17）中的 $I_{\mathrm{TDVA,opt}}$，可得

$$I_{\mathrm{C2}}^2 - I_{\mathrm{TDVA,opt}}^2 = \frac{[(\mu+1)\gamma^2-1]\,[2(\mu+1)^2\gamma^2-2-\mu]^2}{4\mu\,[1-2(\mu+1)\gamma^2+(\mu+1)^3\gamma^4]\,(\mu+1)}$$

显然，如果 $\gamma^2 < \dfrac{1}{1+\mu}$，那么 $I_{\mathrm{C2}} < I_{\mathrm{TDVA,opt}}$。由于 $\dfrac{1}{1+\mu} > \dfrac{2+\mu}{2(1+\mu)^2}$，我们总可以找到一个 γ，使得 $I_{\mathrm{C2}} < I_{\mathrm{TDVA,opt}}$。由于 $I_{\mathrm{C2,opt}} \leqslant I_{\mathrm{C2}}$，因此 $I_{\mathrm{C2,opt}} < I_{\mathrm{TDVA,opt}}$。

其次，我们用图证明当 $\mu \leqslant 1$ 时，C2 最多只能得到 0.32% 的性能提升。通过求解 $\dfrac{\partial I_{\mathrm{C2}}^2}{\partial \gamma^2} = 0$，我们可以得到最优的 γ，这等效于求解

$$(2\alpha^2\gamma^2-1-\alpha)\left[2\alpha^5\gamma^6+(\alpha^4-7\alpha^3)\gamma^4+(8\alpha^2-2\alpha^3)\gamma^2-3\alpha+1\right]=0 \tag{4.26}$$

其中，$\alpha = \mu + 1$。

容易验证，式（4.26）有两个正实解 γ_1 和 γ_2，$\gamma_1 < \gamma_2$，其中 $\gamma_1 = \sqrt{\dfrac{1+\alpha}{2\alpha^2}}$ 且 $\gamma_1 < \gamma_2 < \sqrt{2}\gamma_1$。另外，$\gamma_2^2$ 是下式唯一的实数解，即

$$2\alpha^5\gamma^6+(\alpha^4-7\alpha^3)\gamma^4+(8\alpha^2-2\alpha^3)\gamma^2-3\alpha+1=0$$

且最优的 γ 就是 γ_2。

当 $0 \leqslant \mu \leqslant 1$ 时，与 TDVA 的图形比较如图 4.11所示。可以清楚地看到，对于 C2，最多可以得到 0.32% 的性能改善。

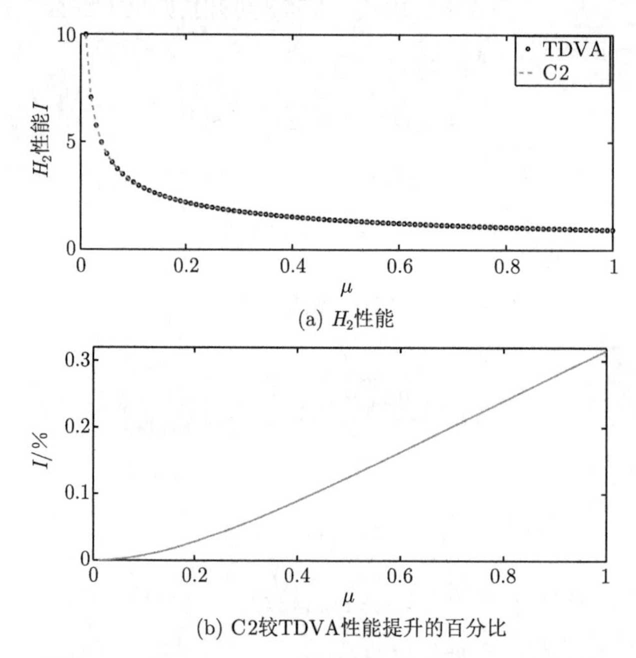

(a) H_2性能

(b) C2较TDVA性能提升的百分比

图 4.11　当 $0 \leqslant \mu \leqslant 1$ 时，结构 C2 与 TDVA 的比较

结构 C3、C4、C5 和 C6 的 H_2 性能的解析表达式如下。

令 I_{C3}、I_{C4}、I_{C5} 和 I_{C6} 为结构 C3、C4、C5 和 C6 的 H_2 性能。具体的表达式如下，即

$$\begin{aligned}
I_{\mathrm{C3}} &= \left(a_{\mathrm{C3},2}\delta^{-2} + a_{\mathrm{C3},1}\delta^{-1} + a_{\mathrm{C3},0}\right)\zeta + \frac{1-(\mu+2)\gamma^2+(1+\mu)^2\gamma^4}{4\gamma\mu\zeta} \\
&= I_{\mathrm{TDVA}} + \left(a_{\mathrm{C3},2}\delta^{-2} + a_{\mathrm{C3},1}\delta^{-1}\right)\zeta \\
I_{\mathrm{C4}} &= \left(a_{\mathrm{C4},2}\delta^{-2} + a_{\mathrm{C4},1}\delta^{-1} + a_{\mathrm{C4},0}\right)\zeta + \left(l_{\mathrm{C4},2}\eta^4\delta^2 + l_{\mathrm{C4},1}\delta + l_{\mathrm{C4},0}\right)\frac{1}{\zeta} \\
&= I_{\mathrm{TDVA}} + \left(a_{\mathrm{C4},2}\delta^{-2} + a_{\mathrm{C4},1}\delta^{-1}\right)\zeta \\
&\quad + \left(l_{\mathrm{C4},2}\eta^4\delta^2 + l_{\mathrm{C4},1}\delta + f_{\mathrm{C4},2}\eta^4 + f_{\mathrm{C4},1}\eta^2\right)\frac{1}{\zeta} \\
I_{\mathrm{C5}} &= \left(a_{\mathrm{C5},2}\delta^{-2} + a_{\mathrm{C5},1}\delta^{-1} + a_{\mathrm{C5},0}\right)\zeta + \frac{1}{4\gamma\mu\zeta}\left[1-(\mu+2)\gamma^2+(1+\mu)^2\gamma^4\right]
\end{aligned} \tag{4.27}$$

$$
\begin{aligned}
&= I_{\mathrm{TDVA}} + \left(a_{\mathrm{C5},2}\delta^{-2} + a_{\mathrm{C5},1}\delta^{-1}\right)\zeta \qquad (4.28)\\
I_{\mathrm{C6}} &= \left(a_{\mathrm{C6},2}\delta^{-2}\eta^{-4} + a_{\mathrm{C6},1}\delta^{-1}\eta^{-2} + a_{\mathrm{C6},0}\right)\zeta + \left(l_{\mathrm{C6},2}\delta^{2} + l_{\mathrm{C6},1}\delta + l_{\mathrm{C6},0}\right)\frac{1}{\zeta}\\
&= I_{\mathrm{TDVA}} + \left(a_{\mathrm{C6},2}\delta^{-2}\eta^{-4} + a_{\mathrm{C6},1}\delta^{-1}\eta^{-2}\right)\zeta\\
&\quad + \left(l_{\mathrm{C6},2}\delta^{2} + l_{\mathrm{C6},1}\delta + f_{\mathrm{C6},2}\eta^{-4} + f_{\mathrm{C6},1}\eta^{-2}\right)\frac{1}{\zeta}
\end{aligned}
$$

其中

$$
\begin{aligned}
a_{\mathrm{C3},2} &= d_{\mathrm{C3},2}\eta^{-4} + d_{\mathrm{C3},1}\eta^{-2} + d_{\mathrm{C3},0}\\
a_{\mathrm{C3},1} &= g_{\mathrm{C3},1}\eta^{-2} + g_{\mathrm{C3},0}\\
a_{\mathrm{C3},0} &= \frac{\gamma(1+\mu)}{\mu}\\
d_{\mathrm{C3},2} &= \frac{1}{\gamma^{3}\mu}\left[1-2\gamma^{2}+(1+\mu)\gamma^{4}\right]\\
d_{\mathrm{C3},1} &= -\frac{2}{\gamma\mu}\left[1-(2+\mu)\gamma^{2}+(1+\mu)^{2}\gamma^{4}\right]\\
d_{\mathrm{C3},0} &= \frac{\gamma}{\mu}\left[1-2(1+\mu)\gamma^{2}+(1+\mu)^{3}\gamma^{4}\right]\\
g_{\mathrm{C3},1} &= -\frac{2}{\mu\gamma}\left[1-(1+\mu)\gamma^{2}\right]\\
g_{\mathrm{C3},0} &= -\frac{\gamma}{\mu}\left[2(1+\mu)^{2}\gamma^{2}-2-\mu\right]\\
a_{\mathrm{C4},2} &= \frac{\gamma}{\mu}\left[1-(2+\mu)\gamma^{2}+(1+\mu)^{3}\gamma^{4}\right]\\
a_{\mathrm{C4},1} &= \frac{\gamma}{\mu}\left[2+\mu-2(1+\mu)^{2}\gamma^{2}\right]\\
a_{\mathrm{C4},0} &= \frac{\gamma(1+\mu)}{\mu}\\
l_{\mathrm{C4},2} &= \frac{\gamma^{3}(1+\mu)^{2}}{4\mu}\\
l_{\mathrm{C4},1} &= g_{\mathrm{C4},2}\eta^{4} + g_{\mathrm{C4},1}\eta^{2}\\
l_{\mathrm{C4},0} &= f_{\mathrm{C4},2}\eta^{4} + f_{\mathrm{C4},1}\eta^{2} + f_{\mathrm{C4},0}\\
g_{\mathrm{C4},2} &= \frac{\gamma^{3}}{2\mu}\left[1+\mu-(1+\mu)^{3}\gamma^{2}\right]
\end{aligned}
$$

$$g_{\mathrm{C}4,1} = \frac{\gamma}{4\mu}\left[2(1+\mu)^2\gamma^2 - \mu - 2\right]$$

$$f_{\mathrm{C}4,2} = \frac{\gamma^3}{4\mu}\left[(1+\mu)^4\gamma^4 + (\mu-2)(\mu+1)^2\gamma^2 + 1\right]$$

$$f_{\mathrm{C}4,1} = -\frac{\gamma}{2\mu}\left[(1+\mu)^3\gamma^4 - 2(1+\mu)\gamma^2 + 1\right]$$

$$f_{\mathrm{C}4,0} = \frac{1}{4\mu\gamma}\left[1 - (\mu+2)\gamma^2 + (1+\mu)^2\gamma^4\right]$$

$$a_{\mathrm{C}5,2} = \frac{g_{\mathrm{C}5,2}\eta^4 + g_{\mathrm{C}5,1}\eta^2 + g_{\mathrm{C}5,0}}{\mu(1 + f_{\mathrm{C}5,1}\eta^2 + f_{\mathrm{C}5,2}\eta^4)^2}$$

$$a_{\mathrm{C}5,1} = \frac{l_{\mathrm{C}5,3}\eta^6 + l_{\mathrm{C}5,2}\eta^4 + l_{\mathrm{C}5,1}\eta^2 + l_{\mathrm{C}5,0}}{\mu(1 + f_{\mathrm{C}5,1}\eta^2 + f_{\mathrm{C}5,2}\eta^4)^2}$$

$$a_{\mathrm{C}5,0} = \frac{\gamma(1+\mu)}{\mu}$$

$$g_{\mathrm{C}5,2} = \gamma\left[(1+\mu)\gamma^4 - 2\gamma^2 + 1\right]$$

$$g_{\mathrm{C}5,1} = -2\gamma\left[(1+\mu)^2\gamma^4 - (\mu+2)\gamma^2 + 1\right]$$

$$g_{\mathrm{C}5,0} = \gamma\left[(1+\mu)^3\gamma^4 - 2(1+\mu)\gamma^2 + 1\right]$$

$$f_{\mathrm{C}5,1} = -\left[1 + \gamma^2(1+\mu)\right]$$

$$f_{\mathrm{C}5,2} = \gamma^2$$

$$l_{\mathrm{C}5,3} = 2\gamma^3\left[(1+\mu)^3 - 1\right]$$

$$l_{\mathrm{C}5,2} = -\gamma\left[4(1+\mu)^2\gamma^4 - 2\gamma^2 - \mu - 2\right]$$

$$l_{\mathrm{C}5,1} = 2\gamma\left[(1+\mu)^3\gamma^4 + (1+\mu)^2\gamma^2 - \mu - 2\right]$$

$$l_{\mathrm{C}5,0} = \gamma\left[\mu + 2 - 2(1+\mu)^2\gamma^2\right]$$

$$a_{\mathrm{C}6,2} = \frac{1 - 2\gamma^2 + (1+\mu)\gamma^4}{\gamma^3\mu}$$

$$a_{\mathrm{C}6,1} = \frac{2\left[(1+\mu)\gamma^2 - 1\right]}{\gamma\mu}$$

$$a_{\mathrm{C}6,0} = \frac{\gamma(1+\mu)}{\mu}$$

$$l_{\mathrm{C}6,2} = \frac{1}{4\gamma\mu}$$

$$
\begin{aligned}
l_{\mathrm{C6},1} &= g_{\mathrm{C6},1}\eta^{-2} + g_{\mathrm{C6},0} \\
l_{\mathrm{C6},0} &= f_{\mathrm{C6},2}\eta^{-4} + f_{\mathrm{C6},1}\eta^{-2} + f_{\mathrm{C6},0} \\
g_{\mathrm{C6},1} &= \frac{\mu - 2 + 2\gamma^2}{4\gamma^3\mu} \\
g_{\mathrm{C6},0} &= \frac{1 - (1+\mu)\gamma^2}{2\gamma\mu} \\
f_{\mathrm{C6},2} &= \frac{1 + (\mu - 2)\gamma^2 + \gamma^4}{4\mu\gamma^5} \\
f_{\mathrm{C6},1} &= -\frac{1 - 2\gamma^2 + (1+\mu)\gamma^4}{2\mu\gamma^3} \\
f_{\mathrm{C6},0} &= \frac{1 - (2+\mu)\gamma^2 + (1+\mu)^2\gamma^4}{4\gamma\mu}
\end{aligned}
$$

我们已经证明，对于 H_2 性能，C1 的性能并不比 TDVA 好，而 C2 相比于比 TDVA，对性能的提升显得微不足道。这意味着，在 TDVA 中，单独添加一个惯容对 H_2 性能的改善有限，因此通过在 TDVA 中同时加入惯容和弹簧，我们提出四种 IDVA 结构 C3、C4、C5、C6。通过这种方式，H_2 性能可以获得显著的提升。

2. 结构 C3、C4、C5、C6 的性能优势

本节解析证明对于 H_2 性能，基于结构 C3、C4、C5、C6 四种 IDVA 的性能表现要优于 TDVA，并提出一个优化问题，以找出最优参数。

由此可以获得结构 C3、C4、C5、C6 的 H_2 性能的解析表达式。设 $I_{\mathrm{C3,opt}}$、$I_{\mathrm{C4,opt}}$、$I_{\mathrm{C5,opt}}$ 和 $I_{\mathrm{C6,opt}}$ 分别代表结构 C3、C4、C5 和 C6 的最优的 H_2 性能，可以获得以下命题。

命题 4.3 对于 H_2 性能，基于结构 C3 和 C5 的 IDVA 的性能表现总是比 TDVA 好，下面的不等式总是成立，即

$$I_{\mathrm{C3,opt}} < I_{\mathrm{TDVA,opt}} \tag{4.29}$$

$$I_{\mathrm{C5,opt}} < I_{\mathrm{TDVA,opt}} \tag{4.30}$$

如果 $\mu \leqslant 1$，基于结构 C4 和 C6 的 IDVA 的性能表现总是比 TDVA 好，即

$$I_{\mathrm{C4,opt}} < I_{\mathrm{TDVA,opt}} \tag{4.31}$$

$$I_{\mathrm{C6,opt}} < I_{\mathrm{TDVA,opt}} \tag{4.32}$$

其中，$I_{\mathrm{TDVA,opt}}$ 为式（4.20）给出的 TDVA 最优的 H_2 性能。

证明 对于 C3，将 $\gamma_{\text{TDVA,opt}}$ 和 $\zeta_{\text{TDVA,opt}}$ 代入式（4.27），可得

$$I'_{\text{C3}} = I_{\text{TDVA,opt}} + \left(a'_{\text{C3},2}\delta^{-2} + a'_{\text{C3},1}\delta^{-1}\right)\zeta_{\text{TDVA,opt}}$$

令 $a_{\text{C3},2}$ 和 $a_{\text{C3},1}$ 中的 $\gamma = \gamma_{\text{TDVA,opt}}$，可得 $a'_{\text{C3},2}$ 和 $a'_{\text{C3},1}$。容易验证，$a'_{\text{C3},2} > 0$，且

$$a'_{\text{C3},1} = -\sqrt{\frac{2}{2+\mu}}\eta^{-2} < 0$$

这意味着，存在有限的 δ 和 η，使得 $I'_{\text{C3}} < I_{\text{TDVA,opt}}$。由于 $I_{\text{C3,opt}} \leqslant I'_{\text{C3}}$，因此 $I_{\text{C3,opt}} < I_{\text{TDVA,opt}}$。

对于结构 C4，令

$$I'_{\text{C4}} = 2\sqrt{\left(a'_{\text{C4},2}\delta^{-2} + a'_{\text{C4},1}\delta^{-1} + a'_{\text{C4},0}\right)\left(l'_{\text{C4},2}\eta^4\delta^2 + l'_{\text{C4},1}\delta + l'_{\text{C4},0}\right)}$$

令 $\gamma = \gamma_{\text{TDVA,opt}}$，可得 $a'_{\text{C4},2}$、$a'_{\text{C4},1}$、$a'_{\text{C4},0}$、$l'_{\text{C4},2}$、$l'_{\text{C4},2}$ 和 $l'_{\text{C4},0}$。

将 I'_{C4} 展开，可得

$$I'_{\text{C4}} = 2\sqrt{a'_{\text{C4},0}f'_{\text{C4},0} + f_{\text{C4},\eta}} \tag{4.33}$$

其中

$$\begin{aligned} f_{\text{C4},\eta} = &\left(l'_{\text{C4},2}\delta^2 + g'_{\text{C4},2}\delta + f'_{\text{C4},2}\right)(a'_{\text{C4},2}\delta^{-2} + a'_{\text{C4},0})\eta^4 \\ &+ f'_{\text{C4},1}(a'_{\text{C4},2}\delta^{-2} + a'_{\text{C4},0})\eta^2 + f'_{\text{C4},0}a'_{\text{C4},2}\delta^{-2} \end{aligned}$$

注意到

$$I_{\text{TDVA,opt}} = 2\sqrt{a'_{\text{C4},0}f'_{\text{C4},0}}$$

接着，证明存在有限的 δ 和 η 使得 $f_{\text{C4},\eta} < 0$。可以验证，$l'_{\text{C4},2}\delta^2 + g'_{\text{C4},2}\delta + f'_{\text{C4},2} > 0$，$a'_{\text{C4},2}\delta^{-2} + a'_{\text{C4},0} > 0$，$f'_{\text{C4},1}(a'_{\text{C4},2}\delta^{-2} + a'_{\text{C4},0}) < 0$。$f_{\text{C4},\eta} = 0$ 的判别式为

$$\begin{aligned} \Delta = &(a'_{\text{C4},2}\delta^2 + a'_{\text{C4},0})\Big[({f'_{\text{C4},1}}^2 - 4f'_{\text{C4},2}f'_{\text{C4},0})a'_{\text{C4},2}\delta^{-2} - 4g'_{\text{C4},2}f'_{\text{C4},0}a'_{\text{C4},2}\delta^{-1} \\ &+ {f'_{\text{C4},1}}^2 a'_{\text{C4},0} - 4l'_{\text{C4},2}f'_{\text{C4},0}a'_{\text{C4},2}\Big] \end{aligned}$$

可以验证，如果 $\mu < \dfrac{8\sqrt{2}-4}{7} \approx 1.045$，那么存在一个有限的 δ 使 Δ 中的第二项为正。这就意味着，如果 $\mu < 1.045$，那么存在一个有限的 η 使 $f_{\text{C4},\eta} < 0$。例如，如果选择

$$\delta^{-1} = \frac{2g'_{\text{C4},2}f'_{\text{C4},0}}{{f'_{\text{C4},1}}^2 - 4f'_{\text{C4},2}f'_{\text{C4},0}} = \frac{(3\mu+4)(1+\mu)}{4\mu(\mu+2)} \tag{4.34}$$

且

$$\eta=\sqrt{\frac{-f'_{C4,1}}{l'_{C4,2}\delta^2+g'_{C4,2}\delta+f'_{C4,2}}}=\sqrt{\frac{2(3\mu+4)^2(1+\mu)(4+\mu)}{(\mu+2)(43\mu^3+204\mu^2+272\mu+64)}} \tag{4.35}$$

可得

$$f_{C4,\eta}=\frac{1}{128}\frac{(7\mu^2+8\mu-16)(\mu+4)(3\mu+4)^2}{\mu(43\mu^3+204\mu^2+272\mu+64)(1+\mu)(\mu+2)}<0$$

由式（4.33），对于式（4.34）和式（4.35）给定的 δ 和 η，若 $\mu<1.045$，则

$$I'_{C4}<I_{TDVA,opt}$$

由于 $I_{C4,opt}\leqslant I'_{C4}$，若 $\mu<1.045$，$I_{C4,opt}<I_{TDVA,opt}$。

对于 C5，令式（4.28）中的 $\gamma=\gamma_{TDVA,opt}$ 且 $\zeta=\zeta_{TDVA,opt}$，可得

$$I'_{C5}=I_{TDVA,opt}+\left(a'_{C5,2}\delta^{-2}+a'_{C5,1}\delta^{-1}\right)\zeta_{TDVA,opt} \tag{4.36}$$

接着，我们证明存在有限的 δ 和 η，使得 $a'_{C5,2}\delta^{-2}+a'_{C5,1}\delta^{-1}<0$。容易验证，$a'_{C5,2}>0$。因此，我们只需证明存在有限的 η 使 $a'_{C5,1}<0$。由于

$$a'_{C5,1}=\frac{l'_{C5,3}\eta^6+l'_{C5,2}\eta^4+l'_{C5,1}\eta^2}{\mu(1+f'_{C5,1}\eta^2+f'_{C5,2}\eta^4)^2}$$

容易得到，当 $\eta^2>(\mu+1)\left(\mu+1+\sqrt{\mu^2+2\mu}\right)$ 或者 $\eta^2<(\mu+1)(\mu+1-\sqrt{\mu^2+2\mu})$ 时，$a'_{C5,1}<0$。例如，若选择

$$\eta=\sqrt{2(1+\mu)^2} \tag{4.37}$$

$$\delta^{-1}=\frac{2(2+\mu)(\mu+1)^2}{(1+8\mu+4\mu^2)(4+9\mu+4\mu^2)} \tag{4.38}$$

可得

$$f_\delta=-\frac{\sqrt{2}(2+\mu)^{5/2}(\mu+1)^2}{(1+8\mu+4\mu^2)(4+9\mu+4\mu^2)(1+3\mu+5\mu^2+2\mu^3)^2}<0$$

这意味着，对式（4.37）和式（4.38）给定的 η 和 δ，可得 $I'_{C5}<I_{TDVA,opt}$。由于 $I_{C5,opt}\leqslant I'_{C5}$，因此 $I_{C5,opt}<I_{TDVA,opt}$。

对于 C6，令 $\gamma=\gamma_{TDVA,opt}$ 且 $\zeta=\zeta_{TDVA,opt}$，可得

$$I'_{C6}=I_{TDVA,opt}+f_{C6,\eta}$$

其中，$f_{C6,\eta}=d_2\eta^{-4}+d_1\eta^{-2}+d_0$，$d_2=a'_{C6,2}\zeta_{TDVA,opt}\delta^{-2}+f'_{C6,2}/\zeta_{TDVA,opt}$，$d_1=a'_{C6,1}\zeta_{TDVA,opt}\delta^{-1}+(g'_{C6,1}\delta+f'_{C6,1})/\zeta_{TDVA,opt}$，$d_0=(l'_{C6,2}\delta^2+g'_{C6,0}\delta)/\zeta_{TDVA,opt}$。

如果 $\mu<\sqrt{2}$，$d_1<0$，容易验证对于任意的 δ，$d_2>0$。因此，我们还需证明存在一个有限的 $\eta>0$ 使 $f_{C6,\eta}<0$。这可通过 $f_{C6,\eta}$ 的判别式来证明，即

$$
\begin{aligned}
\Delta=&d_1^2-4d_2d_0\\
=&16(\mu-4)(\mu+1)^8\delta^4-16\mu(4\mu^3+11\mu^2+5\mu-4)(\mu+1)^4\delta^3\\
&+8\mu^2(5\mu^2+21\mu+20)(\mu+1)^3\delta^2+\mu^3(3\mu+4)^2
\end{aligned}
$$

容易看出，总是存在一个有限的 δ 使 $\Delta>0$。例如，若选择

$$
\delta=\frac{\mu(4\mu^3+11\mu^2+5\mu-4-\sqrt{6\mu^6+56\mu^5+253\mu^4+606\mu^3+799\mu^2+568\mu+176})}{2(\mu-4)(\mu+1)^4}
$$

当 $\mu<4$，上式大于 0，因此 $\Delta=\mu^3(3\mu+4)^2>0$。我们总是可以找到一个介于 $f_{C6,\eta}=0$ 的两个正实解之间的一个值 η^{-2}，使得 $f_{C6,\eta}<0$。一个可能的选择是$\eta^{-2}=-\dfrac{d_1}{2d_2}$。这意味着，通过选择合适的 δ 和 η，可以使不等式 $I'_{C6}<I_{IDVA,opt}$ 成立。由于 $I_{C6,opt}\leqslant I'_{C6}$，因此 $I_{C6,opt}<I_{TDVA,opt}$。

在命题 4.3中，$\mu\leqslant1$ 只是一个充分条件，即当 $\mu>1$ 时，式（4.31）和式（4.32）也有可能成立。然而，这个条件不会给 DVA 的应用带来任何保守性，因为实际上质量比 μ 通常小于 1 （通常小于 0.25）[24, 25]。

由于基于结构 C3、C4、C5 和 C6 的 IDVA 总是可以将弹簧刚度 k_1（或 η）和惯容 b（或 δ）设置成 0 或 ∞ 退化成 TDVA，因此结论 $I_{Ci,opt}\leqslant I_{TDVA,opt}$，$i=3,4,5,6$ 总是成立。然而，命题 4.3证明存在有限的 η 和 δ，使得基于结构 C3、C4、C5 和 C6 的 IDVA 的 H_2 性能比 TDVA 好。

为了确定 δ、γ、η 和 ζ 的最优值，需要解决以下优化问题，即

$$
\min_{\delta,\gamma,\eta,\zeta} I_{Ci},\quad i=3,4,5,6 \tag{4.39}
$$

使得 $\delta>0$、$\gamma>0$、$\eta>0$ 和 $\zeta>0$。

（1）C3 的解析解

对于结构 C3，由式（4.39）可以获得其解析解。结构 C3 的最优参数为

$$
\gamma_{C3,opt}=\sqrt{\frac{\sqrt{17\mu^2+32\mu+16}-\mu}{4(1+\mu)^2}} \tag{4.40}
$$

$$
\eta_{C3,opt}=\sqrt{\frac{1-2(1+\mu)\gamma_{C3,opt}^2+(1+\mu)\gamma_{C3,opt}^4}{\left[1-(2+3\mu)\gamma_{C3,opt}^2+(1+\mu)^2\gamma_{C3,opt}64\right]\gamma_{C3,opt}^2}} \tag{4.41}
$$

$$\delta_{\mathrm{C3,opt}} = -\frac{2\hat{a}_{\mathrm{C3},2}}{\hat{a}_{\mathrm{C3},1}} \tag{4.42}$$

$$\zeta_{\mathrm{C3,opt}} = \sqrt{\frac{1-(\mu+2)\gamma_{\mathrm{C3,opt}}^2+(1+\mu)^2\gamma_{\mathrm{C3,opt}}^4}{4\mu\gamma_{\mathrm{C3,opt}}(\hat{a}_{\mathrm{C3},2}\delta_{\mathrm{C3,opt}}^{-2}+\hat{a}_{\mathrm{C3},1}\delta_{\mathrm{C3,opt}}^{-1}+\hat{a}_{\mathrm{C3},0})}} \tag{4.43}$$

通过令 $a_{\mathrm{C3},2}$、$a_{\mathrm{C3},1}$、$a_{\mathrm{C3},0}$ 中的 $\gamma=\gamma_{\mathrm{C3,opt}}$ 且 $\eta=\eta_{\mathrm{C3,opt}}$，可分别得到 $\hat{a}_{\mathrm{C3},2}$、$\hat{a}_{\mathrm{C3},1}$ 和 $\hat{a}_{\mathrm{C3},0}$。通过依次将 I_{C3} 关于 δ、η、γ 的一阶导数设为 0，然后检查第二阶导数在驻点处的符号，可以得到 δ、γ 和 η 的解析解。由于式（4.27）中 I_{C3} 右侧的两个部分都是正的，因此可以得到最优的 $\zeta_{\mathrm{C3,opt}}$。

（2）**C4、C5 和 C6 的解析解**

推导过程涉及高阶（4 阶以上）方程，因此无法得到 C4、C5 和 C6 的解析解。然而，η 和 ζ 的最优解可以用 δ 和 γ 解析表示，即

$$\eta_{\mathrm{C4,opt}} = \frac{\sqrt{-(g_{\mathrm{C4},1}\delta+f_{\mathrm{C4},1})(2f_{\mathrm{C4},2}+2g_{\mathrm{C4},2}\delta+2l_{\mathrm{C4},2}\delta^2)}}{2(f_{\mathrm{C4},2}+g_{\mathrm{C4},2}\delta+l_{\mathrm{C4},2}\delta^2)} \tag{4.44}$$

$$\zeta_{\mathrm{C4,opt}} = \sqrt{\frac{l_{\mathrm{C4},2}\eta^4\delta^2+l_{\mathrm{C4},1}\delta+l_{\mathrm{C4},0}}{a_{\mathrm{C4},2}\delta^{-2}+a_{\mathrm{C4},1}\delta^{-1}+a_{\mathrm{C4},0}}} \tag{4.45}$$

$$\delta_{\mathrm{C5,opt}} = -\frac{2a_{\mathrm{C5},2}}{a_{\mathrm{C5},1}} \tag{4.46}$$

$$\zeta_{\mathrm{C5,opt}} = \sqrt{\frac{1-(\mu+2)\gamma^2+(1+\mu)^2\gamma^4}{4\mu\gamma(a_{\mathrm{C5},2}\delta_{\mathrm{C5,opt}}^{-2}+a_{\mathrm{C5},1}\delta_{\mathrm{C5,opt}}^{-1}+a_{\mathrm{C5},0})}} \tag{4.47}$$

$$\zeta_{\mathrm{C6,opt}} = \sqrt{\frac{l_{\mathrm{C6},2}\eta^4\delta^2+l_{\mathrm{C6},1}\delta+l_{\mathrm{C6},0}}{a_{\mathrm{C6},2}\delta^{-2}+a_{\mathrm{C6},1}\delta^{-1}+a_{\mathrm{C6},0}}} \tag{4.48}$$

相应地，可以将上述最优表示代入 $I_{\mathrm{C}i}$，$i=4,5,6$。对于结构 C4、C5 和 C6，式（4.39）归结为一个非线性规划问题，其中 C4 和 C5 有两个未知变量 δ 和 γ，C6 有三个未知变量 δ、γ 和 η。利用 MATLAB 中的求解器 fmincon 和全局优化工具箱中的 GlobalSearch 可以有效地解决这一问题。

MATLAB 求解器 fmincon 的功能是求解有约束非线性多元函数的极小值，它的调用格式如下，即

$$x = \mathrm{fmincon(fun, x0, A, b, Aeq, beq, lb, ub, nonlcon, options)}$$

其中，只有 fun、$x0$、A、b 是必填参数，其余均为选填参数；x 为句柄函数 fun 取得极小值时自变量的值；fun 为被搜索函数的句柄；x0 为一个实向量，表示搜索算法的起始点；A 和 b 为一个线性不等式约束，即 Ax ⩽ b；Aeq 和 beq 为一个线

性等式约束条件，即 Aeq·x = beq；lb 和 ub 为 x 的下限和上限，即 lb ⩽ x ⩽ ub；nonlcon 为非线性不等式（c(x) ⩽ 0）、等式（ceq(x) = 0）约束函数的句柄；options 为求解器 fmincon() 中的优化选项。

调用范例如下。在 Matlab 命令行中依次输入：

```
fun = @(x)100 * (x(2) - 4 * x(1)^2)^2 + (2 - x(1))^2;
x0 = [-1, 2];
A = [1, 2];
b = 1;
x = fmincon(fun, x0, A, b)
```

搜索结果为 x = (0.2986, 0.3507)。

Matlab 全局优化工具箱中 GlobalSearch 的功能是使用基于梯度的求解器，从多个初始点中查找局部极小值来搜索全局极小值。它的调用格式如下，即

$$\mathrm{x} = \mathrm{run(GlobalSearch, problem)}$$

其中，GlobalSearch 为 Matlab 全局优化工具箱中的一种极小值点搜索策略；problem 为使用 createOptimProblem 函数创建的有约束优化问题；x 为这个优化问题的解。

使用“GlobalSearch”求解极小值问题的范例如下。

```
f = @(x)x.*sin(2.*x) + x.*cos(3.*x);
ub = 10;
lb = 0;
x0 = 0;
problem = createOptimProblem('fmincon','objective',f,'x0',x0,'lb',lb,'ub',...,
ub,'options',optimset('Algorithm','SQP','Disp','none'));
gs = GlobalSearch;
x = run(gs, problem);
```

这段代码的第 1 行为待优化函数；第 2 行为搜索范围的上限；第 3 行为搜索范围的下限；第 4 行设置搜索的起始点；第 5、6 行使用 createOptimProblem 函数创建有约束优化问题；第 7 行将搜索策略设置为 GlobalSearch；第 8 行使用 GlobalSearch 求解指定的优化问题。搜索结果为 $x = 9.2229$。

图 4.12为 $0 \leqslant \mu \leqslant 1$ 时基于结构 C3、C4、C5 和 C6 的 IDVA 与 TDVA 的 H_2 性能对比。如图 4.12(b) 所示，C3 表现最好，相对于 TDVA，C3、C4 和 C6 均可获得超过 10% 的性能提升。与 H_∞ 性能类似，考虑 C3 和 C6 的 H_2 性能要优于 C4 和 C5，因此弹簧 k_1 最好是串联的。图 4.13所示为 $0 \leqslant \mu \leqslant 1$ 时，基于结构 C3、C4、C5 和 C6 的 IDVA 与 TDVA 的最优参数。

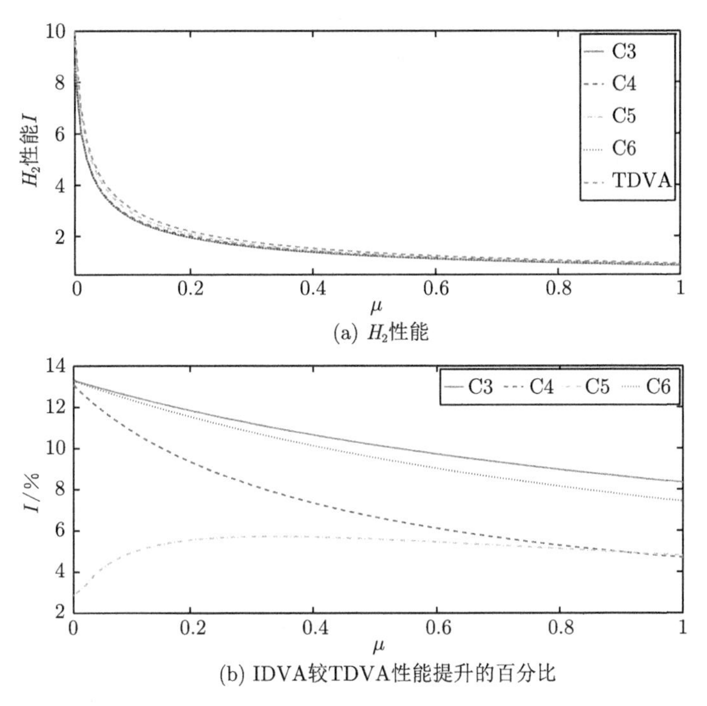

(a) H_2性能

(b) IDVA较TDVA性能提升的百分比

图 4.12 IDVA 与 TDVA 的 H_2 性能对比

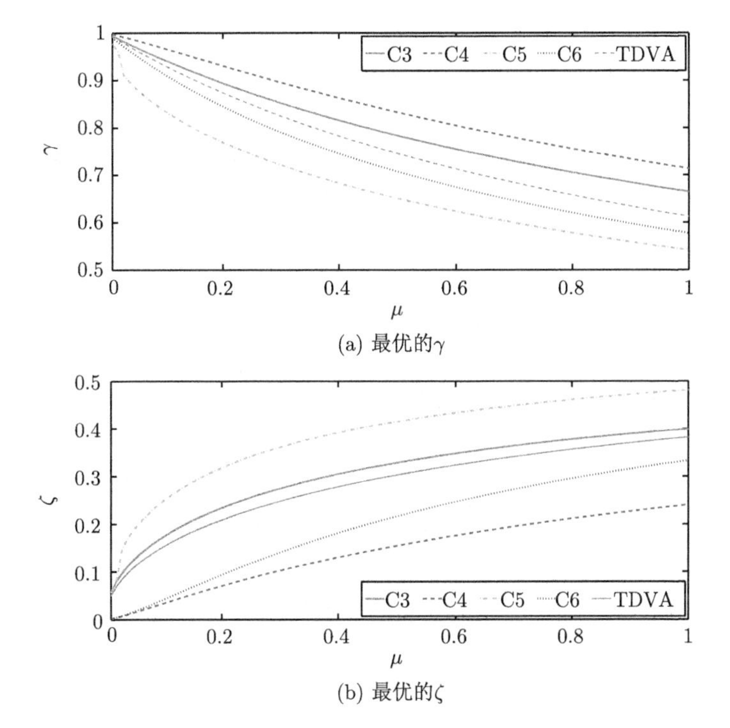

(a) 最优的γ

(b) 最优的ζ

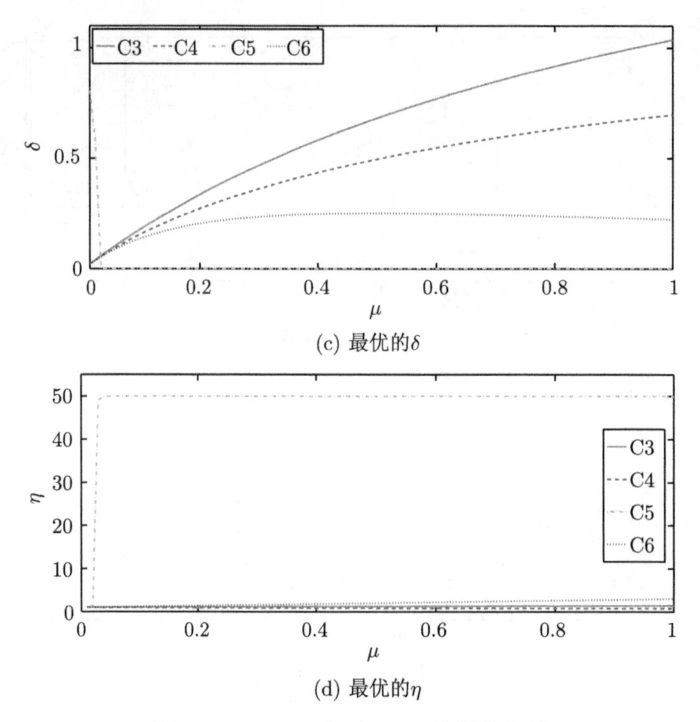

(c) 最优的δ

(d) 最优的η

图 4.13 IDVA 与 TDVA 的最优参数

4.6 结 论

本章对 IDVA 的性能进行研究，其中 IDVA 由弹簧与基于惯容的机械网络并联组成。考虑 H_∞ 性能和 H_2 性能，H_∞ 性能的优化问题可表示为 minmax 框架，并采用直接搜索优化方法求解。至于 H_2 性能优化，采用解析的方法计算 H_2 性能，并与 TDVA 进行比较。结果表明，在 TDVA 中单独添加一个惯容，无论是串联（结构 C1）还是并联（结构 C2)，对 H_∞ 性能都没有提升，对 H_2 性能的提升也可忽略（当质量比小于 1，较 TDVA 的性能提升不到 0.32%）。这证明，在 TDVA 中引入另一个自由度与惯容进行搭配的必要性，因此通过在 TDVA 中加入惯容和弹簧，我们提出基于结构 C3、C4、C5 和 C6 的 IDVA。基于结构 C3、C4、C5 和 C6 的 IDVA 的性能得到显著的提升。数值仿真表明，与 TDVA 相比，H_∞ 性能提升超过 20%，且惯容的应用还可以使有效频带变大。对于 H_2 性能，通过合理地选择参数基于结构 C3、C4、C5 和 C6 的 IDVA 的性能要优于 TDVA，并且在数值仿真中可以获得超过 10% 的性能提升。

参考文献

[1] Den Hartog J P. Mechanical Vibrations. New York: Dover, 1985.

[2] Frahm H. Device for damping vibrations of bodies. https://patents.google.com/patent/US989958A/en [2020-11-16].

[3] Ormondroyd J, Den Hartog J P. The theory of the dynamic vibration absorber. ASME Journal of Applied Mechanics, 1928, 50: 9-22.

[4] Nishihara O, Asami T. Closed-form solutions to the exact optimizations of dynamic vibration absorbers (minimizations of the maximum amplitude magnification factors). Journal of Vibration and Acoustics, 2002, 124(4): 576-582.

[5] Crandall S H, Mark W D. Random Vibration in Mechanical Systems. New York: Academic Press, 1963.

[6] Anh N D, Nguyen N X. Design of TMD for damped linear structures using the dual criterion of equivalent linearization method. International Journal of Mechanical Sciences, 2013, 77: 164-170.

[7] Asami T, Nishihara O, Baz A M. Analytical solutions to H_∞ and H_2 optimization of dynamic vibration absorbers attached to damped linear systems. Journal of Vibration and Acoustics, 2002, 124(2): 284-295.

[8] Ghosh A, Basu B. A closed-form optimal tuning criterion for TMD in damped structures. Structural Control and Health Monitoring, 2007, 14(4): 681-692.

[9] Bekda G, Nigdeli S M. Mass ratio factor for optimum tuned mass damper strategies. International Journal of Mechanical Sciences, 2013, 71: 68-84.

[10] Cheung Y L, Wong W O. H_∞ and H_2 optimizations of a dynamic vibration absorber for suppressing vibrations in plates. Journal of Sound and Vibration, 2009, 320 (1, 2): 29-42.

[11] Pai P F, Schulz M J. A refined nonlinear vibration absorber. International Journal of Mechanical Sciences, 2000, 42(3): 537-560.

[12] Miguélez M H, Rubio L, Loya J A, et al. Improvement of chatter stability in boring operations with passive vibration absorbers. International Journal of Mechanical Sciences, 2010, 52(10): 1376-1384.

[13] Gao H, Zhan W, Karimi H R, et al. Allocation of actuators and sensors for coupled-adjacent-building vibration attenuation. IEEE Transactions on Industrial Electronics, 2012, 60(12): 5792-5801.

[14] Si Y, Karimi H R, Gao H. Modelling and optimization of a passive structural control design for a spar-type floating wind turbine. Engineering Structures, 2014, 69: 168-182.

[15] Zhan W, Cui Y, Feng Z, et al. Joint optimization approach to building vibration control via multiple active tuned mass dampers. Mechatronics, 2013, 23(3): 355-368.

[16] Smith M C. Synthesis of mechanical networks: the inerter. IEEE Transactions on Automatic Control, 2002, 47(10): 1648-1662.

[17] Lazar I F, Neild S A, Wagg D J. Using an inerter-based device for structural vibration suppression. Earthquake Engineering and Structural Dynamics, 2014, 43(8): 1129-1147.

[18] Hu Y, Chen M Z Q, Shu Z, et al. Analysis and optimisation for inerter-based isolators via fixed-point theory and algebraic solution. Journal of Sound and Vibration, 2015, 346: 17-36.

[19] Marian L, Giaralis A. Optimal design of a novel tuned mass-damper-inerter (TMDI) passive vibration control configuration for stochastically support-excited structural systems. Probabilistic Engineering Mechanics, 2014, 38: 156-164.

[20] Brzeski P, Pavlovskaia E, Kapitaniak T, et al. The application of inerter in tuned mass absorber. International Journal of Non-Linear Mechanics, 2015, 70: 20-29.

[21] Shearer J L, Murphy A T, Richardson H H. Introduction to System Dynamics. Reading: Addison-Wesley, 1967.

[22] Hixson E L. Mechanical Impedance. New York: McGraw-Hill, 1988.

[23] Chen M Z Q, Hu Y, Huang L, et al. Influence of inerter on natural frequencies of vibration systems. Journal of Sound and Vibration, 2014, 333(7): 1874-1887.

[24] Inman D J. Engineering Vibration. 3rd ed. Upper Saddle River: Prentice-Hall, 2008.

[25] Cheung Y L, Wong W O. H-infinity optimization of a variant design of the dynamic vibration absorber-revisited and new results. Journal of Sound and Vibration, 2011, 330(16): 3901-3912.

[26] Asami T, Wakasono T, Kameoka K, et al. Optimum design of dynamic absorbers for a system subjected to random excitation. JSME international journal. Ser. 3, Vibration, Control Engineering, Engineering for Industry, 1991, 34(2): 218-226.

[27] Cheung Y L, Wong W O. H_2 optimization of a non-traditional dynamic vibration absorber for vibration control of structures under random force excitation. Journal of Sound and Vibration, 2011, 330(6): 1039-1044.

[28] Doyle J C, Francis B A, Tannenbaum A R. Feedback Control Theory. Oxford: Maxwell Macmillan International, 1992.

第 5 章　半主动惯容和自适应调谐吸振器

本章提出一种实现半主动惯容的通用方法和一种基于半主动惯容的自适应调谐吸振器(semi-active-inerter-based adaptive tuned vibration absorber,SIATVA)。我们可以通过将现有的基于飞轮的惯容中的固定惯性飞轮替换为可控惯性飞轮(controllable-inertia flywheel，CIF)实现半主动惯容。然后，我们使用半主动惯容构建 SIATVA 并推导两种控制方法，即基于频率跟踪器(frequency-tracker-based，FT)的控制和基于相位检测器(phase-detector-based，PD)的控制。实验结果表明，尽管激励频率可能会发生变化，但 FT 控制和 PD 控制都可以有效地抵消主质量的振动。SIATVA 还可以容许主系统的参数变化，因此可以应用于各种主系统而无须重新设置参数。另外，我们还证明固有阻尼会导致性能的下降。

5.1　简　　介

目前，研究者已经提出三种类型的惯容，包括齿轮齿条式惯容 [1,2]、滚珠丝杠式惯容 [2,3] 和液压式惯容 [4–6]。对于齿轮齿条式惯容 [1,2]、滚珠丝杠式惯容 [2,3]，以及液压式惯容 [4–6]，它们无法在线调整惯容量。这意味着，它们不能根据外部干扰和环境条件的变化调整惯容量。

为了使惯容量可调，文献 [7] 提出一种使用磁性行星齿轮箱的惯性可变装置(variable-inertia device，VID)。类似于半主动阻尼器和半主动弹簧，可变惯容量的惯容实际上是一个半主动装置，其中的参数（惯容量、阻尼系数和弹簧刚度）可以通过消耗少量的能量在线调整。从这个角度出发，文献 [8] 提出半主动惯容的概念，该概念被定义为可以在线控制惯容量的惯容。几乎同时，其他关于可变惯容量惯容的术语被独立提出，如自适应惯容 [9,10] 和能够改变惯容量的惯容 [11]。本章统一使用半主动惯容表示惯容量可以在线调整的惯容。此外，半主动惯容最早用于文献 [12]，是具有无源惯容的半主动悬架。

文献 [13] 提出一个在半主动惯容的物理实例中实现半主动惯容的通用框架，即通过调节飞轮的传动比或惯性矩在线控制惯容量。从这个角度来看，可变惯性装置和能够改变惯容量的惯容分别通过调节基于磁性行星齿轮箱的传动比和带传动比控制的无级变速器(continuously variable transmission，CVT)实现。相反，文献 [13] 展示了基于滚珠丝杠式机构调节飞轮惯性的方法。

5.2 预备知识

调谐吸振器（tuned vibration absorber，TVA）是连接到主体结构，抑制主体结构振动的辅助弹簧质量系统。它是一种经典的振动控制装置，广泛应用于土木和机械工程等领域[14]。尽管 TVA 与 DVA 或 TMD 具有相似的结构，但是它们通常应用于不同的情况。DVA 或 TMD 采用弹簧质量系统抑制主体结构在很宽的激励频率范围内的振动，如 IDVA。TVA 是为了抑制特定激励频率下的振动[15,16]。图 5.1 显示了 TVA 的原理图。图中，K 和 M 表示主体结构；k 和 m 表示弹簧质量系统。其原理是，如果忽略辅助弹簧质量系统的阻尼，则可以完全吸收特定频率下主体结构的振动。如图 5.2所示，对于不同的刚度-质量配置，如果适当调整 TVA 的刚度和质量，则可以完全抑制特定频率下的振动。图中，$\omega_m=\sqrt{\dfrac{k}{m}}$，$\omega_n=\sqrt{\dfrac{K}{M}}$。

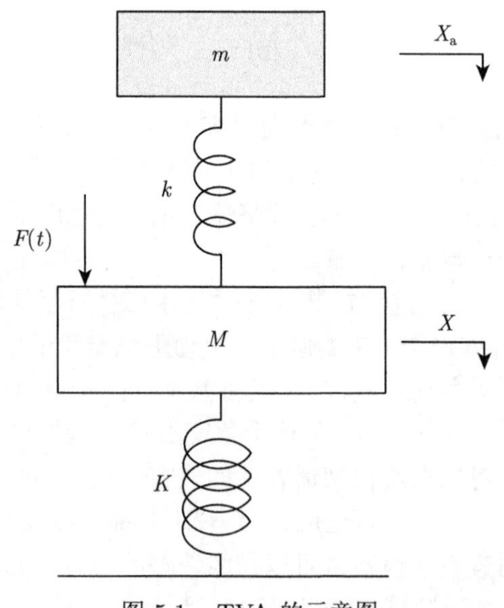

图 5.1　TVA 的示意图

TVA 只能抑制特定频率下的振动，这可能在实践中不适用。因为环境条件可能随时间变化，如果激励频率变化，TVA 将无效。为此，研究者开发了自适应调谐吸振器（adaptive tuned vibration absorber，ATVA）。其可在线调整参数（刚度、质量）。文献 [16] 提出一种类似梁的可调整刚度的 TVA，其中通过将梁分开移动调整刚度。其他类型的 ATVA 可以通过使用形状记忆合金[17]、压电陶瓷元

素 [18] 等实现。

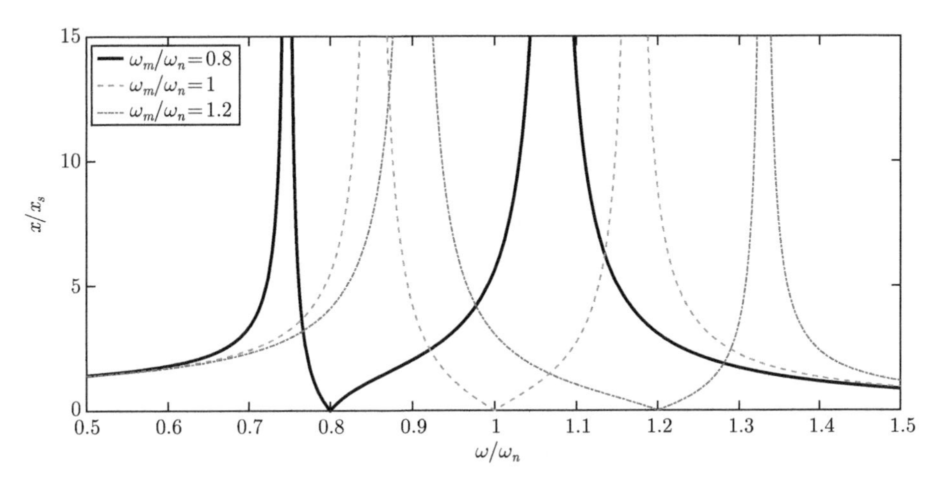

图 5.2 不同 ω_m 的 TVA 频率响应

5.3 半主动惯容

5.3.1 现有的惯容

现有的大多数惯容 [1–4] 使用飞轮实现惯容效应。基于飞轮的惯容 [1–4]，惯容量可以表示为传动比 β 的平方与飞轮的惯性矩 J 的乘积，即

$$b = \beta^2 J \tag{5.1}$$

例如，对于滚珠丝杠式惯容 [2,3]，$\beta = 2\pi/p$，其中 p 是丝杠的螺距，对于齿轮齿条式惯容 [1,2]，β 由齿轮、小齿轮和飞轮的半径确定；对于液压式惯容 [4]，β 由活塞的面积确定。

因此，我们可以采用两种方法实现半主动式惯容：一种是在线自适应地控制传动比 β ；另一种是在线自适应地控制飞轮的转动惯量 J。我们更关注后者，下面介绍用 CIF 代替固定惯性飞轮的方法。

5.3.2 可控惯性飞轮

在这项研究中,CIF 是基于移动机械质量块法 [19] 提出的。图 5.3所示为 CIF 示意图。它涉及至少两个移动质量块。质量块可以沿飞轮主体的槽缝径向移动。狭槽是一些用于迫使移动质量块径向和笔直地移动的通道。移动质量块通过连杆与轴环啮合，其中轴环可以沿旋转轴移动。我们可以通过调节轴环的位置控制移动块在主体上的位置。电动机安装在支撑结构上调节轴环的位置，并且支撑结构是固定的，不能在任何方向上移动。位置传感器用于测量支撑结构和轴环之间的距离。

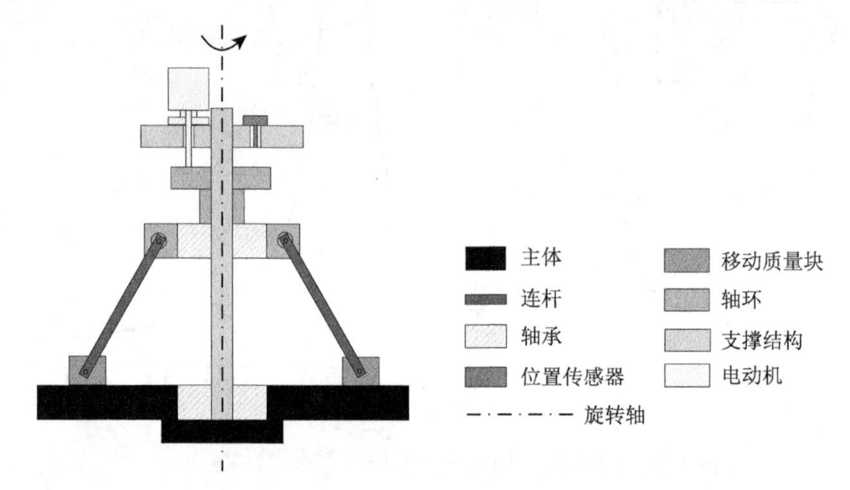

图 5.3 CIF 示意图

与文献 [19] 中的 CIF 不同，本章在轴环、飞轮的主体和支撑结构之间使用两个轴承。因此，在飞轮旋转期间，轴环的上部和支撑结构不随飞轮旋转，从而确保在被电动机上下推动时轴环的平滑运动。图 5.4 展示了具有四个移动质量块的 CIF 的 3D 表示形式和原型，其中原型中的电动机和位置传感器已被嵌入线性执行器。

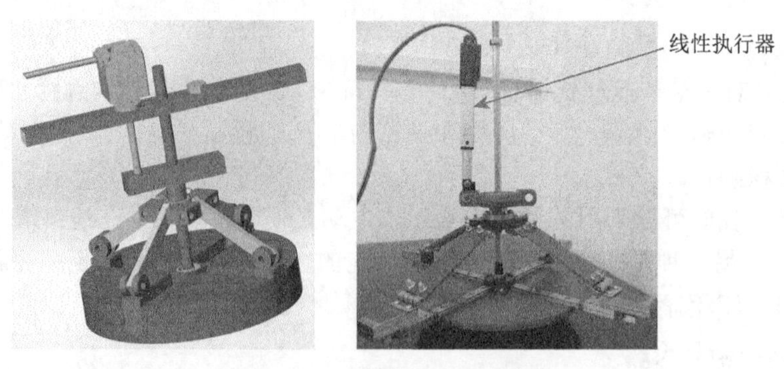

图 5.4 CIF 的 3D 表示和原型

我们可根据需要调整移动质量块的数量。CIF 的惯性矩可分为静态部分和可变部分。静态部分包括飞轮的主体、轴环的下部和轴承。它们的惯性矩在 CIF 旋转期间保持恒定。相反，移动质量块和连杆构成可变部分，其惯性矩可以在线控制。

令 J、J_{static} 和 J_{variable} 分别表示 CIF、静态部分和可变部分的惯性矩，则

$$J = J_{\text{static}} + J_{\text{variable}} \tag{5.2}$$

其中，J_{variable} 由线性执行器的位移 η 确定。

在这种方式下，我们可以通过改变线性执行器的位移 η 来控制 CIF 的惯性矩。

5.3.3 基于 CIF 的半主动惯容

我们现在基于滚珠丝杠式惯容说明提出的半主动惯容，如图 5.5所示。CIF 位于螺杆的末端以方便 CIF 的操作，这与现有的滚珠丝杠式惯容不同 [2,3]。

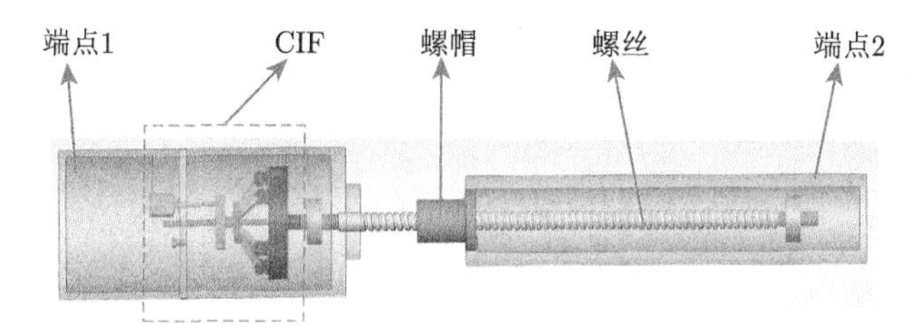

图 5.5 基于滚珠丝杠式惯容的半主动惯容

基于 CIF 的半主动式惯容的惯容量可以表示为

$$b = b_0 + b_v \tag{5.3}$$

其中，b_0 和 b_v 为静态和可变惯容量，$b_0 = \beta^2 J_{\text{static}}$，$b_v = \beta^2 J_{\text{variable}}$。

可变惯容量 b_v 由线性执行器的位移 η 确定，因此基于 CIF 的半主动惯容的惯容量可以表示为

$$b = \varPhi(\eta) \tag{5.4}$$

其中，$\varPhi(\eta)$ 为相对于 η 的递增函数。

这意味着,CIF 的最小和最大惯容量分别为 $b_{\min} = \varPhi(\eta_{\min})$ 和 $b_{\max} = \varPhi(\eta_{\max})$，其中 $\eta_{\min}$ 和 $\eta_{\max}$ 分别为最小和最大的 η。

5.3.4 提出的半主动惯容的建模

已提出的基于 CIF 的半主动惯容利用线性执行器调节位移 η ，并且线性执行器由驱动电压 V 驱动。若将位移 η 表示为 $G(V)$ ，则基于 CIF 的半主动惯容的动力学特性可以概括为

$$F = b\left(\ddot{x}_1 - \ddot{x}_2\right) \tag{5.5}$$

$$b = \varPhi(\eta) \tag{5.6}$$

$$\eta = G(V) \tag{5.7}$$

5.4　基于半主动惯容的自适应调谐吸振器

5.4.1　问题描述

图 5.6为传统的自适应调谐吸振器（traditional adaptive tuned vibration absorber，TATVA）与 SIATVA 的对比图，其中 M、K 和 C 分别为主系统的质量、刚度和阻尼系数。主要的目的是，抵抗施加在主质量上的谐波力，其中激励频率可能随时间而变化。

令 F 表示频率随时间变化的正弦形式的力。从干扰力 F 到 SIATVA 主系统位移的传递函数为

$$T=\frac{x}{F}=-\frac{bs^2+k_1}{(Ms^2+Cs+K)(bs^2+k_1)+bk_1s^2} \tag{5.8}$$

如果 SIATVA 的调谐频率为 $\omega=\sqrt{k_1/b}$，其中 ω 为力 F 激励的频率，则可实现完全消元。完全消元意味着，干扰力 F 对主质量没有影响。完全消元的条件只和 SIATVA 的参数有关，而不依赖主系统的参数。

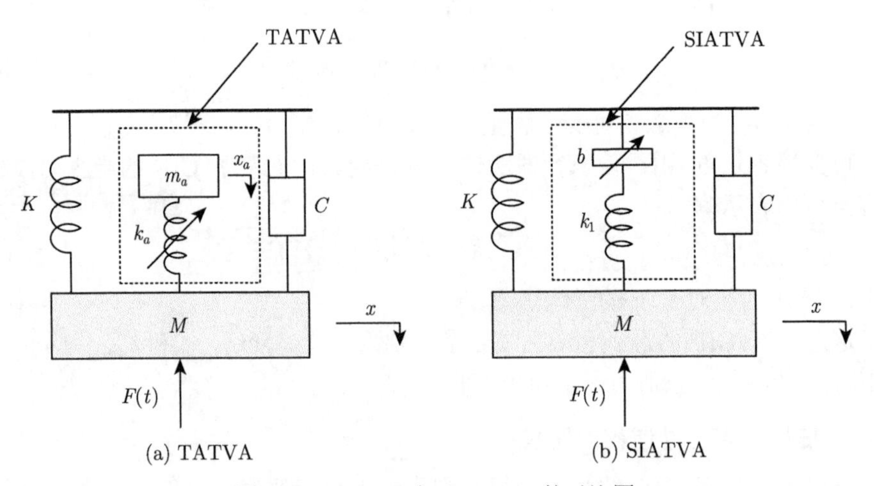

图 5.6　TATVA 与 SIATVA 的对比图

5.4.2　基于频率跟踪器的控制

根据完全消元的条件，对于给定的刚度 k_1 和给定的激励频率 ω，可得所需的惯容，即

$$b=\frac{k_1}{\omega^2} \tag{5.9}$$

因此，一种直观控制 SIATVA 的方法是在线跟踪激励频率，然后根据式（5.9）调整惯容值。频率可用 FT 测量主质量的加速度获得。因此，在 FT 控制中，只需一个传感器。

多种技术可用于在线跟踪谐波信号的频率，如过零检测 [20]、卡尔曼滤波 [21] 等。为了实验的简单和有效，我们采用基于过零检测的 FT。

这里简要介绍基于过零检测的 FT 的基本原理。假设待估的正弦信号为 $y = A\sin(2\pi t/T_{\sin})$，对其进行采样可得输入正弦序列 $y(n) = A\sin 2\pi nT_s/T_{\sin}$（$T_{\sin}$ 为待估信号周期，T_s 为采样周期）。过零检测如图 5.7 所示。其中，点 A 代表正弦信号与时间轴的交点，即过零点（正弦信号由负到正的过零点）；点 B 代表过零点左边的采样点，即在过零点之前负的采样点；点 C 代表过零点右边的采样点，即过零点之后的采样点；点 D 代表经过点 B 和 C 的直线与时间轴的交点，即插值点。因此，$t_C - t_B = T_s$。令 $t_C - t_D = \delta(n)T_s$，代表第 n 个正的采样点与插值点之间的区间长度；$t_D - t_A = \varepsilon(n)$，代表第 n 个过零点与插值点之间的误差，因此正弦信号的周期可由下式估计，即

$$T_e(n) = (K(n) - \delta(n) + \delta(n-1))T_s$$

其中，$K(n)$ 为第 $n-1$ 个和第 n 个正的采样点之间间隔的采样周期的个数。

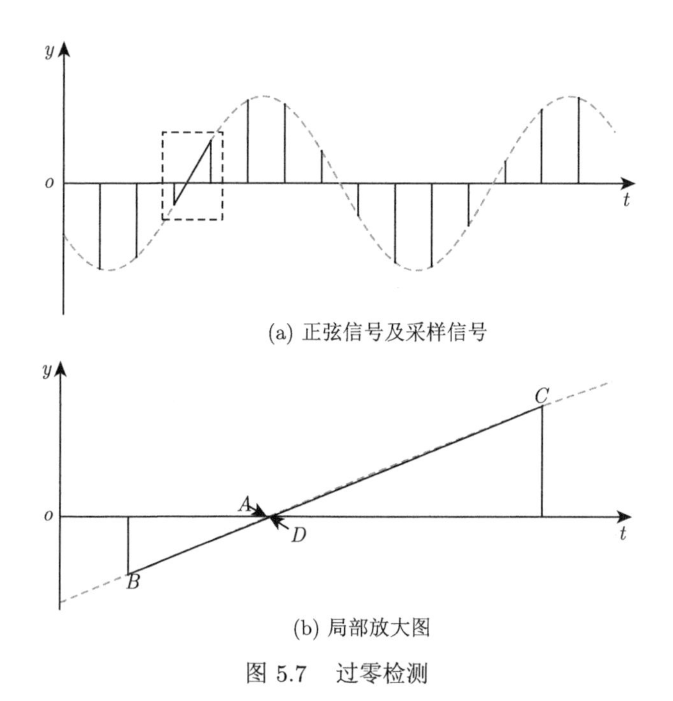

(a) 正弦信号及采样信号

(b) 局部放大图

图 5.7 过零检测

第 n 个插值点的坐标为

$$t_z(n) = nT_{\sin} + \varepsilon(n)$$

对正弦信号周期的估计 $T_e(n)$ 为

$$T_e(n) = t_z(n) - t_z(n-1) = T_{\sin} + \varepsilon(n) - \varepsilon(n-1)$$

对其进行 z 变换并求频率响应可得

$$\begin{aligned} T_e(z) &= T_{\sin} + \varepsilon(z)(1 - z^{-1}) \\ |T_e(f)|^2 &= T_{\sin}^2\delta(f) + |\varepsilon(f)|^2 4\sin^2\left(\pi\frac{f}{f_{\sin}}\right) \end{aligned}$$

容易看出，$T_e(f)$ 主要由两部分组成，一部分是直流分量，等于正弦信号的周期，另一部分是误差信号的频谱，对直流分量的谱没有贡献。因此，通过选择合适的低通滤波器去掉估计信号中高频的误差信号，我们可以获得任意精度正弦信号的周期（频率）。

5.4.3　基于相位检测器的控制

针对 SIATVA 系统的框架，我们提出另一种 PD 的控制方法。该控制器需要两个测量值，即主质量的加速度、弹簧 k_1 和惯容 b 之间连接点的加速度。

令 y 表示连接点处的位移，$\ddot{x}$ 到 $\ddot{y}$ 的传递函数为 $\ddot{y}/\ddot{x} = k_1/(k_1 + bs^2)$。假设激励频率为 ω_0，令 $\ddot{x} = a_x \sin(\omega_0 t)$，其中 a_x 代表幅值，则 $\ddot{y} = a_y \sin(\omega_0 t - \phi)$，其中 $a_y = a_x k_1/(|k_1 - b\omega_0^2|)$，且

$$\phi = \begin{cases} 0, & k_1/b > \omega_0^2 \\ \pi, & k_1/b < \omega_0^2 \\ \pi/2, & k_1/b = \omega_0^2 \end{cases}$$

显然，当发生完全消元时，$\ddot{x}$ 与 $\ddot{y}$ 之间的相位差为 $\pi/2$。因此，ϕ 和 $\pi/2$ 之间的相位差可用做误差信号，设计合适的控制器使相位差最小。值得注意的是，如果 $\phi > \pi/2$，应该减小惯容值 b；如果 $\phi < \pi/2$，应该增大惯容值 b。如果差值与 0 相差很大，则设计的控制器需要进行较大的调整；如果差值接近 0，则只需进行较小的调整。由于惯容由线性作动器的位移 η 调节，因此可以推导出对线性执行器的位移 η 的控制律，即

$$\eta_k - \eta_{k-1} = P_1\left(\frac{\pi}{2} - \phi_k\right) + P_3\left(\frac{\pi}{2} - \phi_k\right)^3 - D\dot{\phi}_k \tag{5.10}$$

其中，k 为采样次数；三次项是让控制器在相位差接近 0 时进行微调的；微分项是为了改善系统的动态响应。

信号 $\ddot{x}$ 的均方根值 $\ddot{x}_{\rm rms}$ 为

$$\ddot{x}_{\rm rms} = \sqrt{\frac{1}{T}\int_0^T \ddot{x}^2 {\rm d}t} = \frac{\sqrt{2}}{2} a_x$$

同理，信号 $\ddot{y}$ 的均方根值 $\ddot{y}_{\rm rms} = \dfrac{\sqrt{2}}{2} a_y$。对 $\ddot{x}\ddot{y}$ 进行积分，可得

$$\begin{aligned}
\int_0^T \ddot{x}\ddot{y}{\rm d}t &= a_x a_y \int_0^T \sin(\omega_0 t)\sin(\omega_0 t + \phi){\rm d}t \\
&= a_x a_y \left(\int_0^T \cos\phi \frac{1-\cos(2\omega_0 t)}{2}{\rm d}t + \int_0^T \sin\phi \frac{\sin(2\omega_0 t)}{2}{\rm d}t\right) \\
&= \frac{T}{2} a_x a_y \cos\phi \\
&= T\ddot{x}_{\rm rms}\ddot{y}_{\rm rms}\cos\phi
\end{aligned}$$

相角 ϕ 可由下式估计 [16]，即

$$\phi = \cos^{-1}\left(\frac{\dfrac{1}{T}\displaystyle\int_0^T \ddot{x}\ddot{y}{\rm d}t}{\ddot{x}_{\rm rms}\ddot{y}_{\rm rms}}\right)$$

其中，T 为信号 $\ddot{x}$ 和 $\ddot{y}$ 的周期；$\ddot{x}_{\rm rms}$ 和 $\ddot{y}_{\rm rms}$ 为信号 $\ddot{x}$ 和 $\ddot{y}$ 的均方根。

对于一个正弦信号，其均方根值等于其幅值的 $1/\sqrt{2}$。

5.5 实验评估

5.5.1 实验平台说明

如图 5.8所示，振动台通过中间质量和中间弹簧对主质量 M 施加干扰力 $F(t)$；传感器 1 和传感器 2 是两个加速度计，其中传感器 1 测量主质量 M 的加速度，传感器 2 测量弹簧 k_1 和半主动惯量 b 之间连接点的加速度。图 5.6中的弹簧 k_1 由四个并联的弹簧实现。FT 控制和 PD 控制由 SIMULINK 实现。位移由加速度通过傅里叶变换，然后进行数值积分得到。实验平台和控制方法的参数如表 5.1所示，其中 FT 控制和 PD 控制的参数由跟踪误差法选定。根据完全消元条件，SIATVA 的有效频率范围为 $[\omega_{\rm min}, \omega_{\rm max}]$，其中

$$\omega_{\rm min} = \sqrt{\frac{k_1}{b_{\rm max}}} = 6.76\ ({\rm rad/s}) \tag{5.11}$$

$$\omega_{\max} = \sqrt{\frac{k_1}{b_{\min}}} = 12.10\ (\mathrm{rad/s}) \tag{5.12}$$

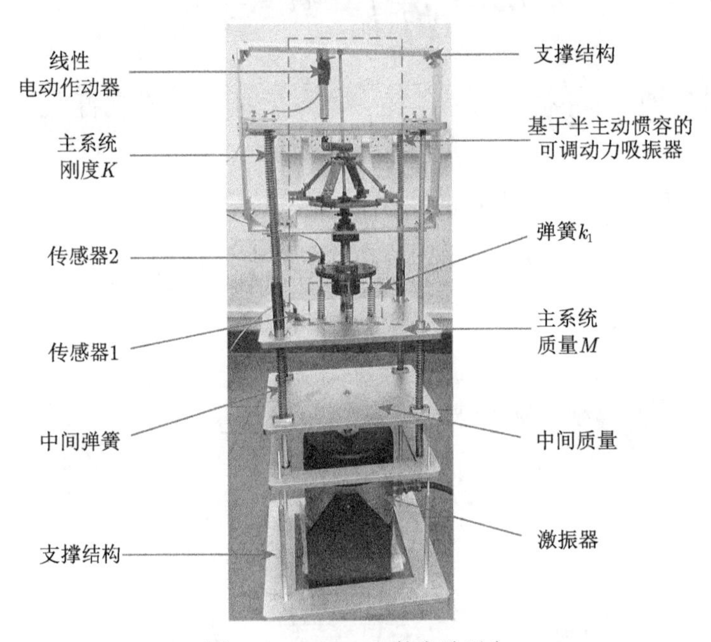

图 5.8　SIATVA 的实验平台

表 5.1　实验平台的参数

	参数	取值
主系统	主质量 M	2.5 kg
	主弹簧 K	896 N/m
	中间质量	2.5 kg
	中间弹簧	3576 N/m
半主动惯容	移动质量块个数 n	4
	质量块的质量 m_{mm}	62.60 g
	CIF 的主体质量 m_m	152.30 g
	轴环的质量 m_c	60.20 g
	轴承质量 m_b	24.90 g
	连杆质量 m_L	3.9 g
	滚珠丝杠的螺距 p	2 cm
	移动质量块的最小旋转半径	21.75 mm
	移动质量块的最大旋转半径	90.70 mm
	线性执行器最小位移 $\eta_{\min}$	0 mm
	线性执行器最大位移 $\eta_{\max}$	42 mm
	静态转动惯量 J_{static}	0.5452 gm^2
	计算获得的静态惯容 b_{static}	53.81 kg
	计算获得的最小惯容 $b_{\min}$	99.11 kg
	计算获得的最大惯容 $b_{\max}$	316.72 kg

续表

	参数	取值
	线性执行器速度	15 mm/s
弹簧 k_1	刚度 k_1	14.5 kN/m
FT 控制	采样时间 T_s	10 ms
	每次计算间隔的过零次数 N	25
PD 控制	采样时间 T_s	10 ms
	线性项增益 P_1	2.5
	三次项增益 P_3	20
	微分项增益 D	6

值得注意的是，与现有的 ATVA[15,16] 相比，由于实验设置的限制，有效频率的范围相当小。增大有效频率范围的方法包括增大刚度 k_1、增大运动质量块的质量、增加运动质量块的数量等。

如式（5.6）所示，惯容量 b 由线性作动器的位移 η 决定。b 和 η 之间的关系，即函数 $\varPhi(\eta)$，可由如下方法获得。对于给定的激励频率，如果惯容量满足完全消元条件，主质量的加速度响应将被最小化。由于弹簧的刚度 k_1 可测，对于给定的频率 ω，通过测量特定的 η 可使加速度响应最小，这样就可以得到 b 和 η 之间的关系，其中 $b = k_1/\omega^2$。

图 5.9从理论计算和实验测量两方面给出惯容量 b 与线性作动器位移 η 的关系。可以看到，理论计算与实验测量的结果是一致的。转动惯量是回转半径的二次函数，回转半径是 η 的线性函数。因此，采用二阶多项式对测得的惯容量和 η 进行最小二乘拟合，得到的曲线拟合方程为

$$b = -0.0494\eta^2 + 6.5257\eta + 124.1974 \tag{5.13}$$

这将作为 FT 控制实验时的 $\varPhi(\eta)$。

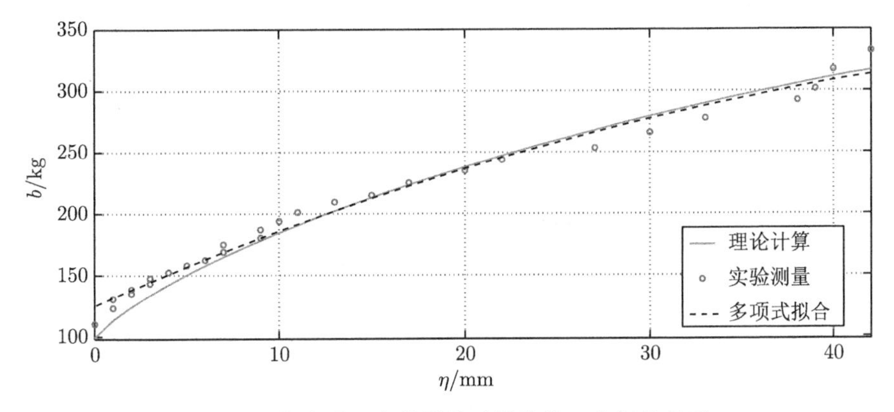

图 5.9 惯容量 b 与线性作动器位移 η 之间的关系

5.5.2 测试案例

1. 测试案例 1

这项测试是为了证明所提出的 SIATVA 有能力自适应地改变惯容,并通过 FT 控制和 PD 控制应对激励频率的变化。在实验中，励磁频率 ω 的变化为

$$\omega=\begin{cases}6.90, & t\in[0,50]\\10.11, & t\in(50,100]\\6.85, & t\in(100,150]\end{cases}$$

实验案例 1 中的主质量位移和各个参数的变化如图 5.10和图 5.11所示。由于实验平台存在一些固有的非线性，如滚珠丝杠的运动、各部件之间的摩擦等，无法实现主系统的完全消元。然而，与没有 SIATVA 的情况相比，SIATVA 仍然可以显著地减少主质量的位移。如图 5.11所示，FT 控制和 PD 控制均可自动调整线性作动器位移 η，以处理激励频率的变化。此外，实验结果表明，PD 控制比 FT 控

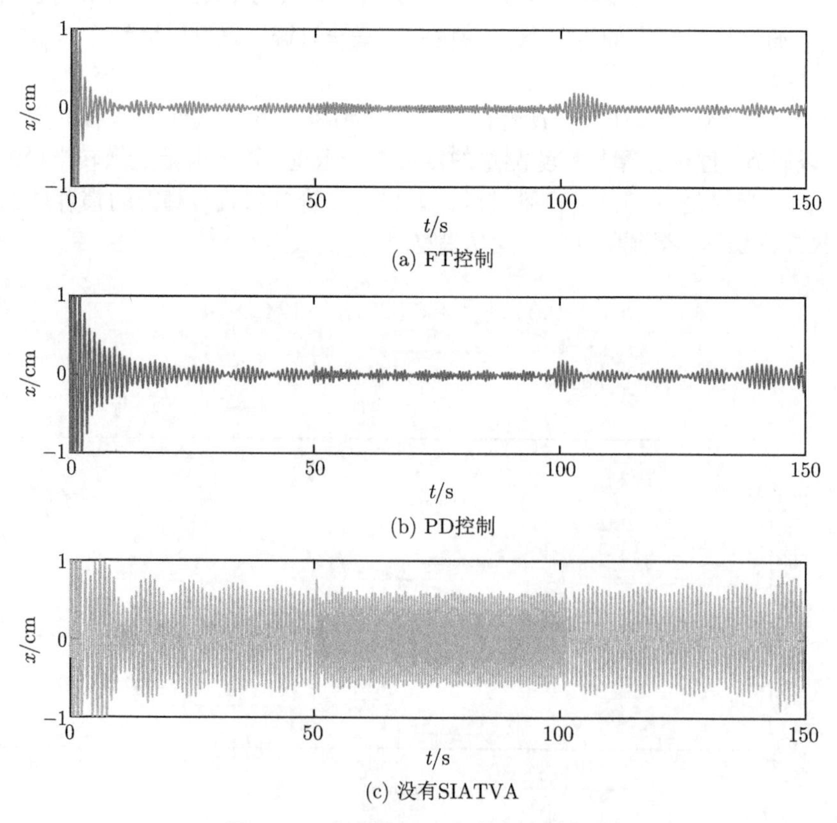

(a) FT控制

(b) PD控制

(c) 没有SIATVA

图 5.10　实验案例 1 中的主质量位移

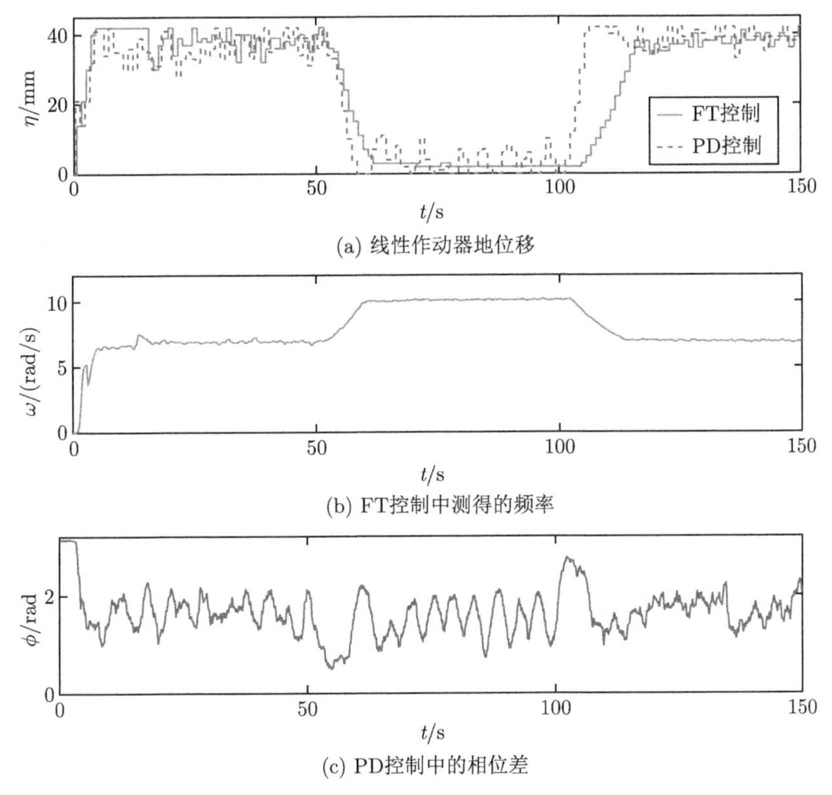

(a) 线性作动器地位移

(b) FT控制中测得的频率

(c) PD控制中的相位差

图 5.11 实验案例 1 中各个参数的变化

制具有更大的波动性。这是因为 FT 对频率的跟踪比相位检测器检测相位更加稳定。实验还发现，FT 控制很大程度上依赖 FT 的性能，如果扰动力过大（高次谐波过大），FT 控制的性能就会很差。在这个意义上，PD 控制比 FT 控制对扰动的变化有更强的鲁棒性。但是，所有这些问题都可以通过使用更有效、更可靠的 FT 和基于相位检测的控制器来缓解。本项测试的主要目的是证明这两种控制器对 SIATVA 的控制都是有效的。

2. 测试案例 2

这项测试是为了展示 SIATVA 对原系统变化的耐受能力，激励频率 $\omega = 8.19$ rad/s。主质量有一个 43.6% 的突变，即

$$M = \begin{cases} 2.5, & t \in [0, 50] \\ 3.59, & t \in (50, 100] \\ 2.5, & t \in (100, 150] \end{cases}$$

如图 5.12所示，主质量的变化对 SIATVA 性能的影响可以忽略不计。这意味

着，SIATVA 可以广泛应用于各种系统中，而无须重新设置参数。理论上，如果惯容和弹簧刚度 k_1 经过合适地调谐，SIATVA 可以用于任何主系统。然而，如果干扰力相比刚度 k_1 大得多，则半主动惯量的自由端会发生非常大的振动。这可能导致半主动惯量的行程达到极限。

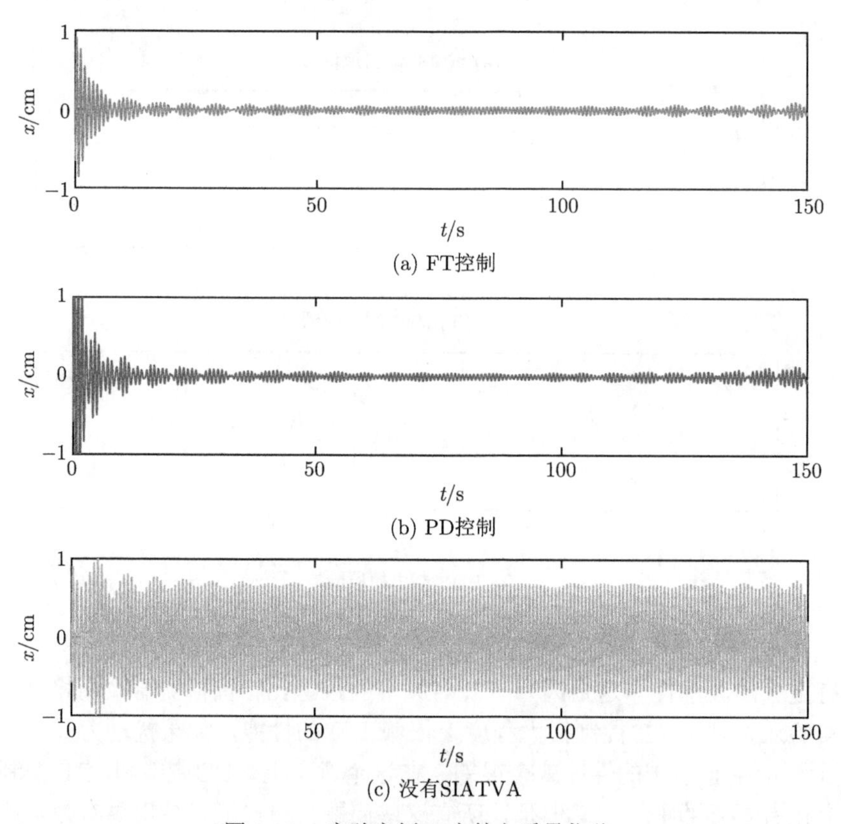

(a) FT控制

(b) PD控制

(c) 没有SIATVA

图 5.12　实验案例 2 中的主质量位移

5.5.3　半主动惯容固有阻尼的影响

半主动惯容的物理结构，如摩擦，会在半主动惯容中引入一些固有阻尼。这里采用阻尼系数为 c 的黏滞阻尼器来模拟固有阻尼。具有固有阻尼的 SIATVA 模型如图 5.13所示。式（5.8）的传递函数可重写为

$$\frac{x}{F}=-\frac{bs^2+cs+k_1}{(Ms^2+Cs+K)(bs^2+cs+k_1)+k_1(bs^2+cs)}$$

可以看出，对于非零的 c，不能实现完全消元。图 5.14所示，固有阻尼越大，SIATVA 的性能越差。这是因为固有阻尼的增加会增大主质量在完全消元频率附近的位移。

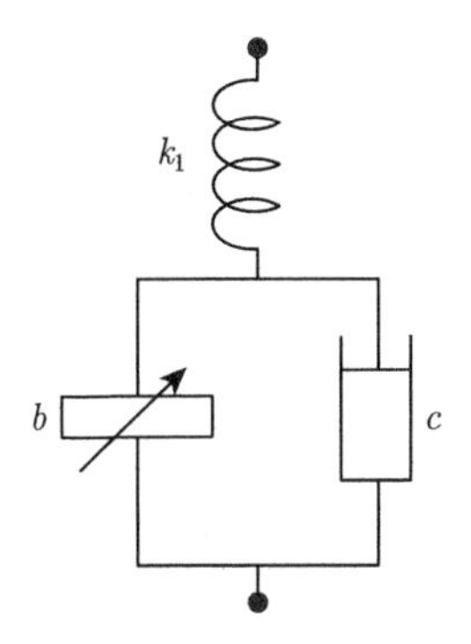

图 5.13　具有固有阻尼的 SIATVA 模型

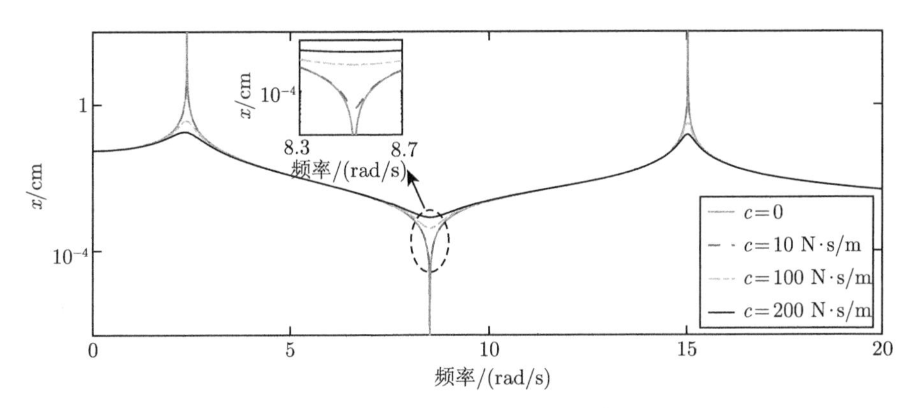

图 5.14　主质量位移相对于不同固有阻尼的频率响应 ($b = 200$ kg)

5.6 结　论

本章介绍一种实现半主动惯容的通用方法和一种 SIATVA。将基于飞轮的惯容中的固定惯性飞轮替换为 CIF 可以得到半主动惯容。本章提出 FT 控制和 PD 控制的 SIATVA 控制框架。实验结果表明，采用 FT 控制或 PD 控制的 SIATVA 可以有效地消除主质量的振动。SIATVA 还可以容忍主系统的参数变化，应用于各种主系统而不需要重新设置 SIATVA 的参数。同时，也证明了固有阻尼会降低 SIATVA 系统的性能。

对于这两种控制方法，FT 控制只需要一个传感器，而 PD 控制需要两个传感器。实验还发现，FT 控制在很大程度上依赖 FT 的性能，而 PD 控制比 FT 控制具有更强的波动性。因此，要根据实际应用来确定哪种方法更合适，本章的主要目的是证明这两种方法在控制 SIATVA 方面的有效性。

参考文献

[1] Smith M C. Synthesis of mechanical networks: the inerter. IEEE Transactions on Automatic Control, 2002, 47(10): 1648-1662.

[2] Chen M Z Q, Papageorgiou C, Scheibe F, et al. The missing mechanical circuit element. IEEE Circuits and Systems Magazine, 2009, 9(1): 10-26.

[3] Wang F C, Su W J. Impact of inerter nonlinearities on vehicle suspension control. Vehicle System Dynamics, 2008, 46(7): 575-595.

[4] Wang F C, Hong M F, Lin T C. Designing and testing a hydraulic inerter. Proceedings of the Institution of Mechanical Engineers, Part C: Journal of Mechanical Engineering Science, 2011, 225(1): 66-72.

[5] Gartner B J, Smith M C. Damper and inertial hydraulic device. https://patents.google.com/patent/US20130037362A1/en[2015-10-30].

[6] Tuluie R. Fluid inerter. https://patents.google.com/patent/US20130032442A1/en [2020-11-16].

[7] Tsai M C, Huang C C. Development of a variable-inertia device with a magnetic planetary gearbox. IEEE/ASME Transactions on Mechatronics, 2010, 16(6): 1120-1128.

[8] Chen M Z Q, Hu Y, Li C, et al. Semi-active suspension with semi-active inerter and semi-active damper. IFAC Proceedings Volumes, 2014, 47(3): 11225-11230.

[9] Li P, Lam J, Cheung K C. Investigation on semi-active control of vehicle suspension using adaptive inerter//The 21st International Congress on Sound and Vibration, Beijing, 2014: 237-246.

[10] Li P, Lam J, Cheung K C. Control of vehicle suspension using an adaptive inerter. Proceedings of the Institution of Mechanical Engineers, Part D: Journal of Automobile Engineering, 2015, 229(14): 1934-1943.

[11] Brzeski P, Kapitaniak T, Perlikowski P. Novel type of tuned mass damper with inerter which enables changes of inertance. Journal of Sound and Vibration, 2015, 349: 56-66.

[12] Zhang X, Ahmadian M, Guo K. A comparison of a semi-active inerter and a semi-active suspension. SAE Technical Paper, 2010.

[13] Hu Y, Chen M Z Q, Xu S, et al. Semiactive inerter and its application in adaptive tuned vibration absorbers. IEEE Transactions on Control Systems Technology, 2016, 25(1): 294-300.

[14] Den Hartog J P. Mechanical Vibrations. New York: Dover Publications, 1985.

[15] Bonello P. Adaptive Tuned Vibration Absorbers: Design Principles, Concepts and Physical Implementation. Croatia: InTech, 2011.

[16] Brennan M J. Some recent developments in adaptive tuned vibration absorbers/neutralisers. Shock and Vibration, 2006, 13(4-5): 531-543.

[17] Jayender J, Patel R V, Nikumb S, et al. Modeling and control of shape memory alloy actuators. IEEE Transactions on Control Systems Technology, 2008, 16(2): 279-287.

[18] Davis C L, Lesieutre G A. An actively tuned solid-state vibration absorber using capacitive shunting of piezoelectric stiffness. Journal of Sound and Vibration, 2000, 232(3): 601-617.

[19] Schumacher L L. Controllable inertia flywheel. https://patents.google.com/patent/US4995282A/en[2021-10-12].

[20] Friedman V. A zero crossing algorithm for the estimation of the frequency of a single sinusoid in white noise. IEEE Transactions on Signal Processing, 1994, 42(6): 1565-1569.

[21] Partovibakhsh M, Liu G. An adaptive unscented Kalman filtering approach for online estimation of model parameters and state-of-charge of lithium-ion batteries for autonomous mobile robots. IEEE Transactions on Control Systems Technology, 2014, 23(1): 357-363.

附录 A　MATLAB 符号运算

以式（3.9）中的不动点计算为例，介绍使用如何使用 Matlab 进行符号运算。

首先，初始化系统变量，即

syms d q Q

其中，d、q、Q 分别与式中 δ、q、q^2 对应。

然后，初始化等式，即

$A = 4 * q\hat{\ } 2;$

$B = (1 - d * q\hat{\ } 2)\hat{\ } 2;$

$C = 4 * q\hat{\ } 2;$

$D = (1 - (1 - (1 + d) * q\hat{\ } 2)\hat{\ } 2;$

最后，求解不动点，即

$f1 = A/C - B/D$

$f2 = \text{subs}(f1, q, Q\hat{\ } 0.5)$

$f3 = \text{solve}(f2, Q)$

其中，subs() 将 f1 中的 q 用 Q^ 0.5 进行替换；solve() 函数以 Q 为变量求解 f2 = 0 的解。

这段代码的运行结果如图 A.1 所示。

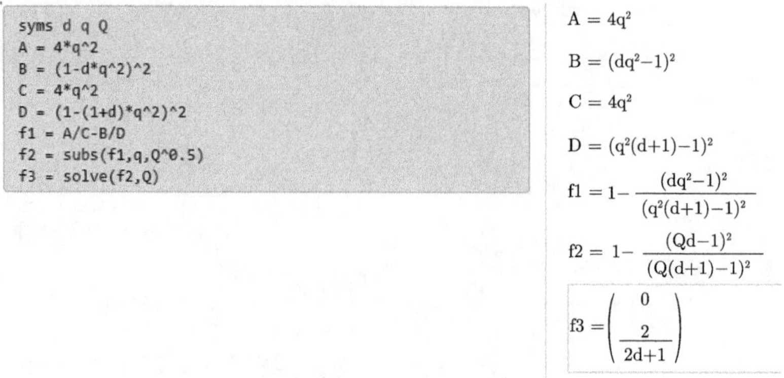

```
syms d q Q
A = 4*q^2
B = (1-d*q^2)^2
C = 4*q^2
D = (1-(1+d)*q^2)^2
f1 = A/C-B/D
f2 = subs(f1,q,Q^0.5)
f3 = solve(f2,Q)
```

$A = 4q^2$

$B = (dq^2-1)^2$

$C = 4q^2$

$D = (q^2(d+1)-1)^2$

$f1 = 1 - \frac{(dq^2-1)^2}{(q^2(d+1)-1)^2}$

$f2 = 1 - \frac{(Qd-1)^2}{(Q(d+1)-1)^2}$

$f3 = \begin{pmatrix} 0 \\ \frac{2}{2d+1} \end{pmatrix}$

图 A.1　MATLAB 符号运算示意图

附录 B　式（5.8）的证明及相关内容

如图 B.1所示，SIATVA 的动力学模型为

$$Ms^2x = -F - Kx - Csx + (x_1 - x)k_1 \tag{B.1}$$

$$bs^2x_1 = (x - x_1)k_1 \tag{B.2}$$

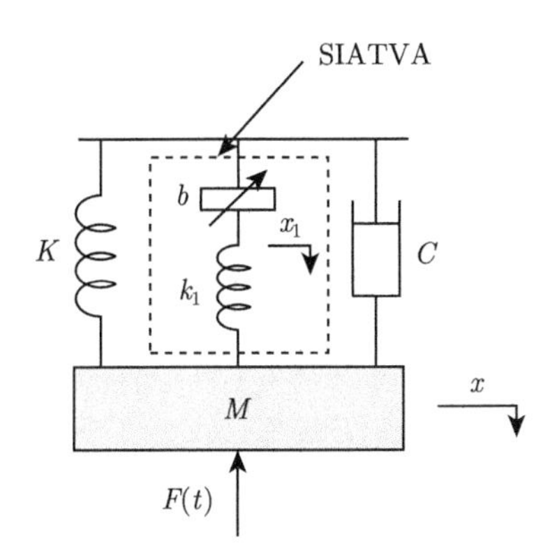

图 B.1　基于半主动惯容的自适应调谐吸振器图示

根据式（B.2）可得

$$x_1 = \frac{xk_1}{bs^2 + k_1} \tag{B.3}$$

将式（B.3）代入式（B.1）中，可得

$$T = \frac{x}{F} = -\frac{bs^2 + k_1}{(Ms^2 + Cs + K)(bs^2 + k_1) + bk_1s^2}$$

由式（B.3），当 $\ddot{x}(t) = a_x \sin(\omega_0 t)$ 时，有

$$\ddot{x}_1(s) = \frac{a_x k_1 \omega_0}{(bs^2 + k_1)(s^2 + \omega_0^2)}$$

$$\ddot{x}_1(t) = a_x \left(\frac{k_1 \sin(\omega_0 t)}{k_1 - b\omega_0^2} - \frac{\sqrt{bk_1}\omega_0 \sin\left(\sqrt{\frac{k_1}{b}}t\right)}{k_1 - b\omega_0^2} \right)$$

可以使用洛必达法则求 $\lim\limits_{b\to\frac{k_1}{\omega_0^2}} \ddot{x_1}(t)$，此时有

$$\lim_{b\to\frac{k_1}{\omega_0^2}} \ddot{x_1}(t) = \frac{a_x\sqrt{t^2\omega_0^2+1}\sin(\omega_0 t+\beta-0.5\pi)}{2}$$

其中，$\beta=\cos^{-1}\left(\dfrac{\omega_0}{\sqrt{t^2\omega_0^2+1}}\right)$。

计算过程为

$$\ddot{x_1}(t)=\frac{n}{m}=a_x\left(\frac{k_1\sin(\omega_0 t)-\sqrt{bk_1}\omega_0\sin\left(\sqrt{\frac{k_1}{b}}t\right)}{k_1-b\omega_0^2}\right) \tag{B.4}$$

$$\dot{n}=\frac{a_x}{2}\left(\omega_0\sqrt{\frac{k_1}{b}}\sin\left(\sqrt{\frac{k_1}{b}}t\right)-\frac{t\omega_0 k_1\cos\left(\sqrt{\frac{k_1}{b}}t\right)}{b}\right) \tag{B.5}$$

$$\dot{m}=-\omega_0^2 \tag{B.6}$$

根据洛必达法则可得

$$\lim_{b\to\frac{k_1}{\omega_0^2}} \ddot{x_1}(t)=\frac{\dot{n}}{\dot{m}}=-\frac{a_x\sqrt{k_1(t^2k_1+b)}}{2\omega_0 b}\sin\left(\sqrt{\frac{k_1}{b}}t+\beta-0.5\pi\right)$$

其中，$\beta=\cos^{-1}\left(\sqrt{\dfrac{k_1}{t^2k_1+b}}\right)$，相应的 $a_y=\dfrac{a_x\sqrt{k_1(t^2k_1+b)}}{2\omega_0 b}$。

当 $b=\dfrac{k_1}{\omega_0^2}$ 时，$\beta=\cos^{-1}\left(\dfrac{\omega_0}{\sqrt{t^2\omega_0^2+1}}\right)$，$a_y=\dfrac{a_x\sqrt{t^2\omega_0^2+1}}{2}$。